Tribologie der zinkphosphatfreien Kaltmassivumformung

Von der Fakultät für Maschinenwesen
der Rheinisch-Westfälischen Technischen Hochschule Aachen
zur Erlangung des akademischen Grades eines
Doktors der Ingenieurwissenschaften
genehmigte Dissertation

vorgelegt von

Patrick-Marcel Mattfeld

Berichter:

Univ.-Prof. Dr.-Ing. Dr.-Ing. E.h. Dr. h.c. Dr. h.c. Fritz Klocke
Univ.-Prof. Dr.-Ing. Kirsten Bobzin

Tag der mündlichen Prüfung: 21. November 2013

ERGEBNISSE AUS DER PRODUKTIONSTECHNIK

Patrick-Marcel Mattfeld

Tribologie der zinkphosphatfreien Kaltmassivumformung

Herausgeber:
Prof. Dr.-Ing. Dr.-Ing. E.h. Dr. h.c. Dr. h.c. F. Klocke
Prof. Dr.-Ing. Dipl.-Wirt.Ing. G. Schuh
Prof. Dr.-Ing. C. Brecher
Prof. Dr.-Ing. R. H. Schmitt

Band 11/2014

Bibliografische Information der Deutschen Nationalbibliothek
Die Deutsche Nationalbibliothek verzeichnet diese Publikation in der Deutschen Nationalbibliografie; detaillierte bibliografische Daten sind im Internet über http://dnb.ddb.de abrufbar.

Patrick-Marcel Mattfeld:

Tribologie der zinkphosphatfreien Kaltmassivumformung

1. Auflage, 2014

Gedruckt auf holz- und säurefreiem Papier, 100% chlorfrei gebleicht.

Apprimus Verlag, Aachen, 2014
Wissenschaftsverlag des Instituts für Industriekommunikation und Fachmedien an der RWTH Aachen
Steinbachstr. 25, 52074 Aachen
Internet: www.apprimus-verlag.de, E-Mail: info@apprimus-verlag.de

Druck: KN Digital Printforce GmbH, Stuttgart

ISBN 978-3-86359-195-3

D 82 (Diss. RWTH Aachen University, 2013)

Vorwort

Preamble

Die vorliegende Arbeit entstand während meiner Tätigkeit als wissenschaftlicher Mitarbeiter am Werkzeugmaschinenlabor WZL der Rheinisch-Westfälischen Technischen Hochschule (RWTH) Aachen.
Herrn Prof. Dr.-Ing. Dr.-Ing. E.h. Dr. h.c. Dr. h.c. Fritz Klocke, Inhaber des Lehrstuhls für Technologie der Fertigungsverfahren, danke ich herzlich für die fachliche und persönliche Förderung, die stetige Unterstützung meiner Arbeiten am Institut sowie seinen motivierenden Zuspruch.
Weiterhin gilt mein Dank Frau Prof. Dr.-Ing. Kirsten Bobzin, Leiterin des Instituts für Oberflächentechnik (IOT) der RWTH, für die eingehende Durchsicht des Manuskripts und die Übernahme des Koreferats sowie Herrn Prof. Dr.-Ing. Reisgen, Leiter des Instituts für Schweißtechnik und Fügetechnik ISF der RWTH Aachen, für die Übernahme des Prüfungsvorsitzes.
Die deutsche Forschungsgemeinschaft hat einen großen Teil der zugrunde liegenden Forschungsarbeiten im Rahmen des SBF 442 Transferprojekts „Bonderfreies Kaltfließpressen" gefördert. Hierfür möchte ich mich bei der Deutschen Forschungsgemeinschaft und ihren Mitarbeiterinnen und Mitarbeitern bedanken. Danke sagen möchte ich in diesem Zusammenhang auch meinen Projektpartnern Dr. Arnd Müller (Oerlikon Balzers AG Liechtenstein), Robert Filgertshofer (Hirschvogel Umformtechnik GmbH) und Zülfikar Cetinkaya (MacLean-Fogg Component Solutions Krefeld) sowie den Kollegen Dr.-Ing. Nazlim Bagcian, Dr.-Ing. Mara Ewering und Ricardo Brugnara vom Institut für Oberflächentechnik der RWTH Aachen.
Herrn Prof.-Dr. Joachim Schulz von der Wisura GmbH sei mein ganz besonderer Dank sowohl für die langjährige gemeinsame Projektarbeit als auch für die umfangreichen und fruchtbaren Diskussionen der Ergebnisse während der Manuskripterstellung und der Korrekturphase ausgesprochen.
Die Aachener Umformer sind mir seit langen Jahren mehr als nur gute Kolleginnen und Kollegen! Dr.-Ing. Valdimir Bäcker, Dr.-Ing. Alexander Timmer und Martin Zimmermann haben mich über lange Jahre nicht nur durch ihre fachliche Kompetenz, sondern insbesondere durch ihren persönlichen Rat in zahlreichen Gesprächen und Diskussionen bei der Erstellung des Manuskripts unterstützt. Hierfür gilt ihnen mein besonderer Dank. Für den fachlichen Austausch und die kritische Durchsicht des Manuskripts geht mein Dank an Daniel Trauth. Fabian Schongen und Michael Terhorst möchte ich für viele anregende Gespräche danken.
Allen Mitarbeiterinnen und Mitarbeitern des Werkzeugmaschinenlabors - im Besonderen

Brigitte Niederbach und dem staatlich geprüften Techniker Thomas Kokott - danke ich für die umfangreiche metallografische und allgemeine technische Unterstützung. Meinen studentischen Mitarbeitern sowie Studien- und Diplomarbeitern, ganz besonders Stefan Ossenkemper, Jeferson Rosniecek und Andreas Schmitt, möchte ich meinen Dank aussprechen für ihre thematisch unterstützenden Beiträge zu meiner Arbeit. Meinen Kolleginnen und Kollegen aus der Abteilung II des Lehrstuhls Technologie der Fertigungsverfahren möchte ich Danke sagen für die selbstverständliche Entbehrung meiner Person in der Zeit der Manuskripterstellung. Für die Übernahme der finalen Korrektur meiner Arbeit geht ein besonderer Dank an meinen sehr geschätzten ehemaligen Kollegen Dr.-Ing. Björn Feldhaus.
Meinen lieben Eltern, Gerda und Friedhelm Mattfeld, möchte ich an dieser Stelle meinen ganz persönlichen Dank aussprechen, dass sie meine Ausbildung und meinen beruflichen Werdegang ermöglicht und mich stets auf meinem Weg begleitet und unterstützt haben. Von ganz besonderer Bedeutung für mich während meiner Zeit am WZL und insbesondere bei der Manuskripterstellung war die persönliche Motivation von der Frau an meiner Seite: Dieser ganz besondere Dank geht an Dich, Birgit!

Aachen, im April 2014

Patrick Mattfeld

Inhaltsverzeichnis

1 Einleitung

Introduction

Fertigungsprozesse aus dem Bereich der Kaltmassivumformung sind sehr wirtschaftliche Verfahren zur Herstellung anspruchsvoller Umformprodukte, insbesondere für den Sektor des Automobilbaus. Im globalen Kontext des zunehmenden Wettbewerbs ist es aber auch für die Kaltmassivumformung essenziell, die Wirtschaftlichkeit der Prozesse durch Erhöhung von Werkzeugstandzeiten zu steigern und darüber hinaus zunehmende Umweltauflagen zu bewältigen. Die hohen fertigungstechnischen und tribologischen Anforderungen dieser Prozesse hinsichtlich Reibung und Verschleiß erfordern in den meisten Fällen den Einsatz einer Konversionsschicht auf dem Halbzeug. Hierzu werden Zinkphosphatschichten in Kombination mit Seifen (Bonderschichten) verwendet, die in kostenintensiven Verfahren zunächst auf das Halbzeug aufgetragen und nach der Umformung aufwendig wieder abgewaschen werden müssen. Die Zinkphosphatierung ist somit ein wesentlicher Kostentreiber in der Prozesskette der Kaltmassivumformung und ihr Einsatz auch unter ökologischen Gesichtspunkten nicht unumstritten. Dies motiviert die Suche nach tribologischen Alternativen. Eine vollständige Substitution der Zinkphosphatschicht bedeutet dabei einen tiefen Eingriff in das tribologische System der Kaltmassivumformung, wobei die technologischen Funktionen des Verschleißschutzes und der Reibungsreduktion neu verteilt werden müssen. Der grundlegende Ansatz in dieser Arbeit zur Entwicklung eines alternativen Tribosystems ohne Konversionsschicht basiert auf der Verlagerung der Verschleißschutzfunktion von der Halbzeug- auf die Werkzeugoberfläche in Form einer PVD-Hartstoffbeschichtung. Neben der Schichtentwicklung liegt ein Forschungsschwerpunkt u.a. auf der Steigerung der Verbundhaftung zwischen Beschichtung und Substratwerkstoff. Hier wird mit dem Bürstpolieren von Werkzeugen für die Kaltmassivumformung ein neues Verfahren entwickelt, dessen Verfahrenspotenziale und -grenzen diskutiert werden.

Aus der Applikation einer Hartstoffbeschichtung auf dem Werkzeug im Tribosystem der Kaltmassivumformung resultieren stark veränderte physikalische und chemische Abläufe in der Umformzone, die wiederum veränderte Wirkmechanismen im Vergleich zum konventionellen, gebonderten System in den Vordergrund treten lassen. Die Werkzeugbeschichtung bewirkt dabei primär eine deutliche Steigerung der Verschleißfestigkeit der Werkzeugoberfläche, kann aber in der Regel nicht alleine die hohe Reibung im Prozess soweit reduzieren, dass der notwendige Materialfluss gewährleistet ist. Zur Reduktion der Reibung wird in dem hier vorgestellten tribologischen System daher eine Mikrostrukturierung der Halbzeugoberfläche - erzeugt durch ein mechanisches Strahlenverfahren - vorgeschlagen. Mikroskopische Halbzeugtopografien können in Interaktion mit einem flüssigen Schmierstoff während der plastischen Deformation hydrostatische Druckpolster ausbilden und

somit die Prozessreibung deutlich beeinflussen. Existieren heute schon Erklärungsmodelle im Bereich der Blechumformung hinsichtlich der Wirkungsweise von tribologisch zielführenden Mikrostrukturen auf dem Blechwerkstoff zur Reduktion der Prozessreibung, so ist dies in der Kaltmassivumformung nur ansatzweise erforscht. Insbesondere fehlt es an grundlegenden Modellvorstellungen zur Beschreibung und Erklärung der Wirkungsweise zwischen Topografie und Schmierstoff sowie deren funktionaler Wirkung während der Oberflächeneinebnung. Diese Mechanismen werden daher in dieser Arbeit erforscht, um aus den Erkenntnissen Aussagen über zielführende mikroskopische Strukturen auf Halbzeugen für die Kaltmassivumformung abzuleiten.
In Bezug auf den Schmierstoff liegen die wesentlichen Anforderungen in folgendem Dilemma: Neben einer gesteigerten ökologischen Verträglichkeit soll gleichzeitig die tribologische Leistungsfähigkeit dahingehend verbessert werden, Werkzeugverschleiß zu verhindern. Dies kann nur gelingen, wenn der Schmierstoff sowohl mit dem umzuformenden Stahlwerkstoff als auch mit der chemisch inerten Werkzeugbeschichtung optimal interagiert. Konventionelle Fließpressöle sind hierzu nicht in der Lage und entfalten ihre Leistungsfähigkeit vornehmlich auf der Stahloberfläche. Durch die Erforschung der Wechselwirkung von umweltfreundlichen Esterschmierstoffen mit reaktiven Stahloberflächen und inerten PVD-Hartstoffbeschichtungen werden in dieser Arbeit Substitute für mineralölbasierte Fließpressöle erforscht, die aus chemischer Sicht beide Tribopartner bedienen.
Durch die zielgerichtete Erforschung der Wechselwirkungen zwischen keramischer Werkzeugbeschichtung, esterbasiertem Schmierstoff und einer reibungsreduzierenden Mikrotopografie auf der Halbzeugoberfläche wird in dieser Arbeit ein alternatives Tribosystem vorgeschlagen, das eine Substitution von Zinkphosphatschichten und mineralölbasierten Schmierstoffen in der Kaltmassivumformung ermöglicht.

Introduction

Manufacturing processes in the field of cold forging are very economical process for the production of challenging forging products, especially in the sector of automotive engineering. But in the global context of increasing competition, also for cold forging the increase of process efficiency by increasing tool life is crucial as well as to cope with increasing environmental regulations. The challenging tribological requirements of these processes in terms of friction and wear in most cases need the application of a conversion layer on the semifinished product. Therefore, zinc phosphate coatings are used in combination with soaps (bonder layer) which have to be first applied in a cost-intensive process onto the semifinished product and cleaned again after the forming process. The zinc phosphate coating is thus a major cost driver in the process chain of cold forging and their use not without controversy from an ecological point of view. This motivates the search for tribological alternatives. A substitution of the zinc phosphate coating leads to a significant transformation of the tribological system in cold forging processes and the technological performance of the zinc phosphate coating regarding wear protection and friction reduction must be redistributed.

The basic approach in this work to develop an alternative tribosystem without a zinc phosphate layer is based on the shift of the wear protective function of the zinc phosphate layer to the tool surface using a PVD hard coating. In addition to the development of the coating, the research work focuses on increasing the adhesion between coating and substrate material. Here a new process is developed with the brush-polishing process for cold forging tools.

The PVD tool coating leads to a significant improvement in wear resistance of the tool surface, but can not reduce the friction in the process so far that the necessary material flow can be ensured. To reduce the friction in the tribological system presented here, therefore, a microstructure on the semifinished product surface - manufactured by a mechanical blasting process - is proposed. Microscopic topographies can interact with a liquid lubricant during the plastic deformation and built up hydrostatic pressure pockets wich significantly affect the process friction. Explanatory models already exist today in the field of sheet metal forming with regard to the mode of action of tribological purposeful microstructures on the sheet material to reduce the friction. But this is only marginally investigated in the cold forging process. Especially basic models to describe and explain the interaction between topography and lubricant as well as their functional effect while surface leveling in the forming process is still unknown. These mechanisms will be investigated in this work to derive recommendations for friction reducing microscopic structures on semifinished products for cold forging processes.

In terms of the lubricant the requirements are located in the following dilemma: in addition to an increased environmental compatibility the tribological performance should be improved regarding tool wear prevention. This can only succeed if the lubricant

optimally interacts with both the steel surface material of the semifinished product and the chemically inert PVD coating layer. Conventional extrusion oils are not able to develop their performance for this purpose and show their performance especially on the steel surfaces. By investigating the interaction of environmentally friendly ester lubricants with inert PVD coatings and reactive steel surfaces substitutes for mineral oil based extrusion lubricants should be found.
By providing focused investigations of the interactions between ceramic based PVD tool coatings, ester based lubricants and a friction-reducing micro topography on the semifinished product surface an alternative tribological system is proposed in this work, which allows the substitution of zinc phosphate coatings and mineral oil based lubricants in cold forging processes.

2 Stand der Technik in Forschung und Industrie

State of the art in research and industry

Das Volumen des Festkörpers schuf Gott,
seine Oberfläche wurde vom Teufel gemacht

Wolfgang Ernst Pauli

Zum Verständnis der komplexen Wirkzusammenhänge in tribologischen Systemen bedarf es eines umfangreichen Wissens aus unterschiedlichen physikalischen, chemischen und vor allem technologischen Disziplinen. Das Wissen zum Verständnis dieser Arbeit wird im folgenden Kapitel vermittelt und konzentriert sich auf die Grundlagen der Tribologie in der Kaltmassivumformung und explizit auf die Aspekte der Prozessreibung und des Werkzeugverschleißes. Im Fokus der Ausführungen stehen Verschleißschutzschichten auf Werkzeugen, flüssige Schmierstoffe und insbesondere die tribologischen Mechanismen während der Oberflächeneinglättung mikroskopischer Halbzeugstrukturen im Zusammenspiel mit dem Schmierstoff und deren Auswirkungen auf die Prozessreibung.

2.1 Tribologie in der Umformtechnik

Bei genauer Kenntnis der tribologischen Verhältnisse in einem umformtechnischen System können Reibung und Verschleiß durch die Wahl der einzelnen Tribosystemkomponenten gezielt beeinflusst und minimiert werden. Die Optimierung dieser Faktoren hat nicht nur großen Einfluss auf die Werkstückqualität in Form der Oberflächenrauheit und anderer Qualitätsmerkmale, sondern insbesondere auf die Prozessreibung und den Werkzeugverschleiß. Je besser die einzelnen Tribosystemkomponenten aufeinander abgestimmt sind, desto geringer sind auch der Werkzeugverschleiß und die Prozesskräfte aufgrund einer geringen Reibung im Prozess. Damit ist die gezielte Steuerung der Tribologie ein zentraler Faktor für die Wirtschaftlichkeit und die Prozessgrenzen in der Umformtechnik.
Neben der wirtschaftlichen und technischen Bedeutung spielt aber auch die ökologische Nachhaltigkeit eine wachsende Rolle für die Prozessführung. Die Belastung von Mensch und Umwelt soll so gering wie möglich ausfallen: einerseits durch eine geringe Toxizität der eingesetzten Stoffe und andererseits durch Ressourcenschonung in Form des Einsatzes geringer Mengen, besonders in Bezug auf Schmierstoffe und Konversionsschichten, wie sie vielfach in der Kaltmassivumformung zur Reduktion von Reibung und Werkzeugverschleiß zum Einsatz kommen.

2.1.1 Kaltmassivumformung

Unter dem Begriff Kaltmassivumformung werden Umformverfahren zusammengefasst, die im Allgemeinen dem Druckumformen und hier im Speziellen der Untergruppe Durchdrücken (DIN 8583) zuzuordnen sind, also Verfahren der Massivumformung [Deut03], [Hirs03]. Das Besondere bei der Kaltmassivumformung ist, dass die Rohteile für das zu erzeugende Werkstück vor der Umformung nicht erwärmt, sondern bei Raumtemperatur umgeformt werden. Aus metallphysikalischer Sicht spricht man von Kaltumformungsprozessen, wenn während der Umformung keine Rekristallisationsvorgänge im Metall ablaufen. Dennoch können die Bauteile durchaus Temperaturen von mehreren 100 °C (bis zu 400 °C beim Napf-Rückwärts-Fließpressen von Einsatzstählen [Raed02]) erreichen. Die Umformung selber wird in einer oder mehreren Prozessstufen durchgeführt. Die Form- und Maßhaltigkeit kaltfließgepresster Bauteile ist im Vergleich zu warmumgeformten Werkstücken relativ hoch, da aufgrund der geringen Temperaturen Zunderbildung und Bauteilverzug kaum auftreten. Die erzielbaren Toleranzklassen liegen bei Standardteilen zwischen IT 7 und IT 11 [Hirs03]. Neben verschiedenen NE-Metallen werden hauptsächlich unlegierte und niedriglegierte Stähle verarbeitet. Neuere Entwicklungen in der Automobilbranche verlangen aber immer häufiger nach einer Verarbeitung höherfester Stahlwerkstoffe. Zu den wichtigsten Verfahren der Kaltmassivumformung zählt das Fließpressen. Mittels Fließpressen werden fast ausschließlich rotationssymmetrische Werkstücke hergestellt, seltener mit Nebenformelementen.

Wegen der im Vergleich zu den Kosten des Werkstücks hohen Investitionen für die einzusetzenden Werkzeugmaschinen (Umformpressen) sowie für die werkstückspezifischen Werkzeuge ist das Kaltfließpressen besonders geeignet für die Herstellung von Massenteilen wie Schrauben, Hülsen und Formteilen (Getriebeteile, Motorenkomponenten, Achsaufhängungen) für die Automobilindustrie (siehe Abbildung 2.1). [Sieg97], [Land01], [Kloc06], [Quin09], [Doeg10], [Enge12] Im Jahr 2011 erreichte das Produktionsvolumen aller in Deutschland durch Massivumformung hergestellten Produkte fast 2,4 Millionen Tonnen. Der Anteil an Kaltfließpressteilen belief sich auf ca. 215.000 Tonnen [Liew12].

Die tribologischen Anforderungen in der Kaltmassivumformung stellen sich als besonders herausfordernd dar. Extreme mechanische Belastungen während des Umformprozesses auf die Aktivelemente des Werkzeugs begünstigen Reibung und Verschleiß. Beim Kaltfließpressen ist die Reibung ein wesentlicher Einflussfaktor, der sich insbesondere auf den Stofffluss des Werkstoffs auswirkt [Batc95]. Damit prägt die Reibung maßgeblich die Teilequalität sowie insbesondere die Verfahrensgrenzen eines Umformprozesses, unabhängig von der technologischen Auslegung des Prozessfensters [Weid10]. Die wesentlichen Werke der sehr umfangreichen Literatur auf diesem Gebiet sind in Publikationen von Mayrhofer [Mayr83] und Wagener et al. [Wagn08] zusammengefasst.

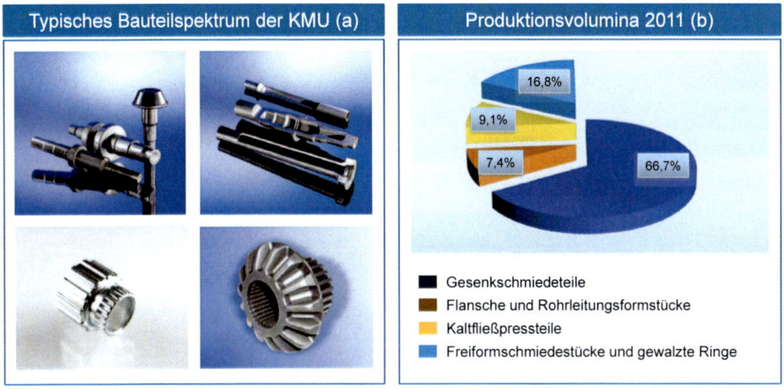

Abbildung 2.1: Typisches Bauteilspektrum [Hirs03] (a) und prozentuale Verteilung der Produktionsvolumina [Liew12] (b)

Typical components (a) and production volumes (b)

2.1.2 Grundlagen der Tribologie

Der Begriff Tribologie leitet sich vom griechischen Wort „tribein" ab und lässt sich mit dem Wort „Reibungslehre" ins Deutsche übersetzen. Eine britische Arbeitsgruppe prägte den Begriff 1966 und definierte in diesem Zusammenhang alle technischen Phänomene im Kontext von Reibung, Schmierung und Verschleiß [Krau79]. Reibung spielt dabei eine besondere Rolle, da sie als energiedissipierender Vorgang nahezu alle technischen Prozesse beeinflusst [Deut93], [Gese02]. Insbesondere die Lebensdauerreduktion von technischen Komponenten, die vielfach aus reibungsbehafteten Werkstoffpaarungen resultiert, ist in den meisten Anwendungen unerwünscht und führt zu erheblichem wirtschaftlichen Schäden, der in den Volkswirtschaften der Industrienationen jährliche Verluste in Höhe von 2 bis 5 Prozent des Bruttosozialprodukts entstehen lässt. Für die stark industriell geprägte europäische Wirtschaft belaufen sich die diesbezüglichen Kosten - kumuliert über die unterschiedlichen Branchen - auf über 370 Millionen Euro pro Jahr; allein auf Deutschland entfallen davon bis zu 100 Millionen Euro (siehe Abbildung 2.2). Schätzungen zufolge könnten pro Jahr durch bereits bestehendes Wissen zur Reduktion von Reibung und Verschleiß zwischen zehn und zwölf Millionen Euro eingespart werden, wobei davon ausgegangen wird, dass diese Summe mit weiteren Forschungsanstrengungen noch deutlich gesteigert werden kann.

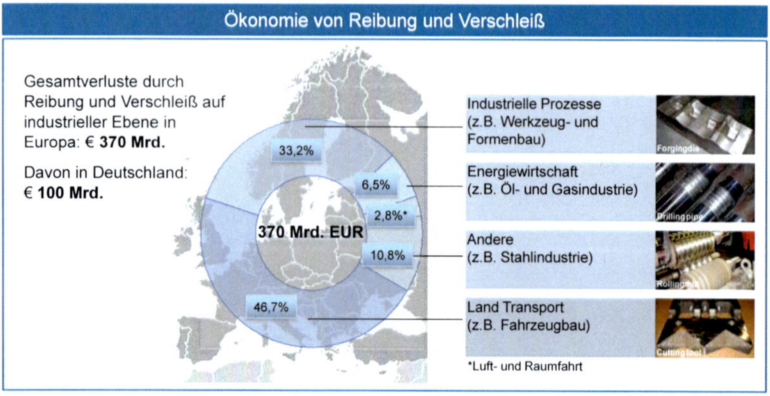

Abbildung 2.2: Die Ökonomie vor dem Hintergrund von Reibung und Verschleiß

The economy in the context of friction and wear

2.1.3 Das tribologische System

Bei der Betrachtung tribologischer Vorgänge ist es essentiell, nicht nur die einzelnen im Kontakt befindlichen Körper, sondern das gesamte Tribosystem und das darauf einwirkende Beanspruchungskollektiv zu betrachten (siehe Abbildung 2.3 (a)). Das Tribosystem besteht demnach aus Grund- und Gegenkörper (im Falle der Fertigungstechnik sind dies Werkzeug und Werkstück) sowie Zwischen- und Umgebungsmedium (in der Regel Schmierstoff und Luft). [Czic10]

Die Summe der äußeren Lasteinwirkungen, wie Prozesskräfte, Temperaturen oder Gleitgeschwindigkeiten, bildet das tribologische Beanspruchungskollektiv, welches unter dem Gesichtspunkt des Systemgedankens als Systemeingang oder Systeminput verstanden werden kann. Innerhalb der Systemstruktur wirken zahlreiche Einflüsse, die unter Einwirkung des Beanspruchungskollektivs das Systemverhalten prägen. Sowohl die Reibung als auch der Verschleiß sind abhängig von der Struktur des Tribosystems und vom Beanspruchungskollektiv und bilden somit die Systemantwort, auch Systemoutput genannt. Rückwirkend beeinflussen ein fortschreitender Verschleiß und damit einhergehende veränderte Reibbedingungen sowohl die Systemstruktur als auch das Beanspruchungskollektiv [Czic10].

Das erweiterte Systemmodell für die Umformtechnik beschreibt darüber hinaus spezifische Einflussgrößen wie etwa Beschichtungen auf Grund- und Gegenkörper und den Einfluss der Randzone beider Kontaktpartner (siehe Abbildung 2.3 (b)) [Maßm07].

Neben der Art der beteiligten Werkstoffe haben die durch die Mikrogeometrie der Oberflächen bedingten lokalen Lastspannungsverteilungen einen wesentlichen Einfluss auf das Reibverhalten. Anders als bei Reibungsvorgängen in der Wälzlagertechnik oder in Zahnradgetrieben können während des Umformvorgangs große plastische Verformungen eines Reibpartners, nämlich des Werkstücks, auftreten. Diese sind mit Oberflächenveränderungen und z.T. -vergrößerungen verbunden, so dass die einzelnen Systemeinflüsse einem ständigen Wandel unterliegen. Dies macht die genaue Erfassung des Systemzustands schwierig und somit eine Bewertung oder Erklärung des Systemoutputs fast unmöglich.

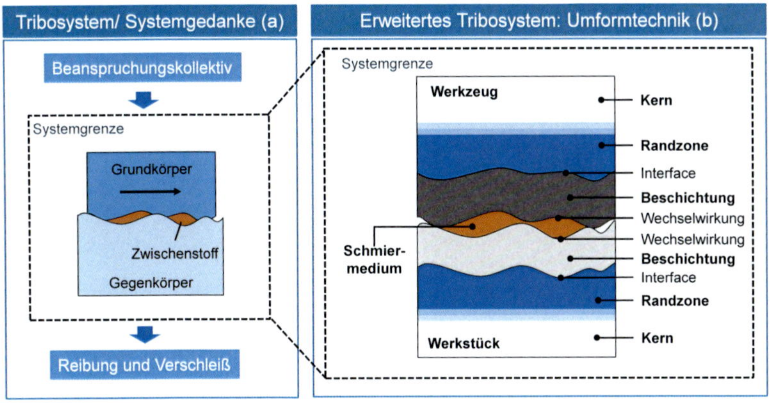

Abbildung 2.3: Das tribologische System und der Systemgedanke (a) und die erweiterte Modellvorstellung zur Umformtechnik (b)

The tribological system and the system concept (a) and the extended model for metal forming (b)

2.1.4 Reibung und Reibungsmechanismen

Die Wechselwirkung zwischen den Oberflächen zweier Körper wird nach DIN 50323 Reibung genannt, wobei Wechselwirkungen zwischen Festkörpern, Flüssigkeiten und Gasen auftreten können [Doeg10]. Die Reibung wirkt der Bewegungsrichtung entgegen und es kommt zur Dissipation von Energie, hauptsächlich in thermischer Form. [Bart04], [Bart10], [Czic10] In Abhängigkeit von dem Bewegungszustand der Reibpartner wird unterschieden zwischen Haft- und Bewegungsreibung, wobei in Prozessen der Kaltmassivumformung beide Formen vorkommen. Haftreibung tritt häufig zu Beginn oder zum Ende eines Prozesses auf. Die Bewegungsreibung prägt demgegenüber den Stofffluss und ist somit entscheidend für das Prozessergebnis. Ein weiteres Differenzierungskriterium liegt in der Art der Relativbewegung. In der Massivumformung treten meistens Gleit- oder Stoßbewegungen auf. Die Einflüsse auf die Reibung werden nach aktuellem Wissenstand unterteilt in Einflüsse durch die Reibpartner, Einflüsse durch den Schmierstoff, äußere Einflüsse und Einflüsse durch den Umformprozess selbst. [Bart04] Die Reibungszustände lassen sich in Abhängigkeit vom Aggregatzustand der beteiligten Stoffbereiche folgendermaßen klassifizieren (siehe auch Abbildung 2.4):

- *Festkörperreibung:* Reibung zwischen Stoffbereichen mit Festkörpereigenschaften in unmittelbarem Kontakt
- *Grenzreibung/ Grenzschichtreibung:* Reibung zwischen festen Grenzschichten mit modifizierten Eigenschaften, z.B. Reaktionsschichten. Handelt es sich bei der Grenzschicht um einen vom Schmierstoff stammenden molekularen Film, so nennt man dies auch Grenzreibung [Gese02]
- *Mischreibung:* Reibung, bei Koexistenz von Festkörperreibung und Flüssigkeitsreibung
- *Flüssigkeitsreibung:* Bewegungswiderstand in Flüssigkeiten mit einem Geschwindigkeitsgradienten (innere Reibung); auch zutreffend für eine die Festkörper vollständig trennende flüssige Schmierstoffschicht unter Ausbildung von hydrostatischen oder hydrodynamischen Druckpolstern

Wann welcher Zustand auftritt hängt in der flüssigkeitsgeschmierten Kaltmassivumformung im Wesentlichen von der Flächenpressung, der Viskosität des Schmierstoffs und der Relativgeschwindigkeit der Reibpartner ab.

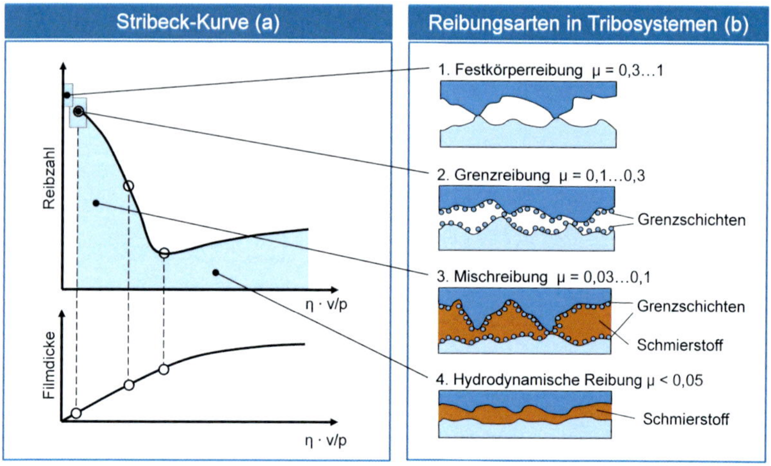

Abbildung 2.4: Stribeckkurve (a) und Reibungsarten (b) [Stri03], [Stri02]

Stribeck curve (a) and friction conditions (b) [Stri03], [Stri02]

Im Allgemeinen wird davon ausgegangen, dass ein Zustand im verschleißbehafteten Mischreibungsgebiet vorliegt, da die Drücke in den Kontaktzonen zwischen Werkzeug und Werkstück sehr hoch sind [Kopp99], [Raed02]. Während einer Mischreibung geht man von Berührungen der Kontaktpartner aus und nimmt an, dass zwischen den Kontaktbereichen das von außen wirkende Belastungskollektiv durch hydrostatischen oder hydrodynamischen Druckaufbau des Schmiermediums übertragen wird. Die Belastung auf die Kontaktflächen der Reibpartner wird dadurch reduziert und der Reibwert sinkt. [Weid10] Findet während der Umformung eine vollständige Trennung der Reibpartner statt, spricht man von hydrodynamischer Reibung. Diese Reibungsform kann für die Kaltmassivumformung aber aufgrund der auftretenden Drücke, der geringen Relativgeschwindigkeiten zwischen den Reibpartnern und der verhältnismäßig geringen Schmierfilmdicken nach Berechnung von Raedt so gut wie ausgeschlossen werden [Raed02]. Darüber hinaus sind die weiteren Einflussgrößen auf die Reibung äußerst vielfältig und sehr komplex. Insbesondere sind einige wesentliche Einflussgrößen (z.B. die wahre Kontaktfläche, die mikroskopische Oberflächentopografie der Kontaktpartner, der genaue Schmierungszustand, etc.) nur sehr schwer zu erfassen bzw. im Prozess nicht messbar.[Kloc06]

2.1.5 Modellierung von Reibungsvorgängen

Die Modellbildung von Reibungsvorgängen hat schon Leonardo da Vinci beschäftigt. Mit einfachen Experimenten wies er bereits im 17. Jahrhundert die Gültigkeit des Coulomb´schen Gesetzes nach. Was er noch nicht erkannte, war, dass sich die Reibung nicht nur anhand von einigen wenigen Prozessparametern beschreiben lässt, sondern vielmehr als Resultat der komplexen Interaktion aller beteiligter Kontaktpartner verstanden werden muss und unterschiedlichste Ausprägungen annehmen kann. Dieser Umstand erschwert noch heute die mathematische Modellierung von Reibungsvorgängen, wobei Reibmodelle mit einer hohen Aussagegüte - häufig auch Reibgesetze genannt - die wesentliche Grundlage zur Gestaltung und Auslegung von Umformprozessen darstellen.
Reibmodelle sind physikalisch-mathematische Ansätze, die die Ermittlung der maximal übertragbaren Reibschubspannung in einer Reibungsgrenzfläche in Abhängigkeit ihrer Haupteinflussgrößen ermöglichen. Das Reibgesetz von Coulomb/Amonton ist in diesem Zusammenhang das bekannteste. Coulomb formulierte 1785 seine Erfahrungen in der nach ihm benannten Gesetzmäßigkeit [Coul85], die auf der Annahme beruht, dass die Reibkraft proportional zur aufgebrachten Last und unabhängig von der Kontaktfläche und der Gleitgeschwindigkeit ist:

$$\tau_R = \mu \cdot \sigma_N \tag{2.1}$$

Hierbei ist τ_R die wirkende Reibschubspannung, σ_N die dazu orthogonal wirkende Normalspannung. Aus dem Gesetz geht hervor, dass der Proportionalitätsfaktor μ, auch als Reibzahl bezeichnet, von der Größe der reibenden Flächen unabhängig ist. Erreicht die

Reibschubspannung jedoch die Größe der Schubfließspannung des weicheren Körpers, fließt der Werkstoff unterhalb der Kontaktfläche. Das Modell verliert hier seine Gültigkeit. Die maximal übertragbare Spannung im plastischen Bereich stellt somit die Schubfließgrenze k des weicheren Werkstoffs dar [Kloc09b]. Eine weitere Gesetzmäßigkeit stellt das Reibfaktorgesetz mit dem Reibfaktor m als Proportionalitätsfaktor dar. Der Zusammenhang zwischen Reibschubspannung und Schubfließgrenze lautet hier:

$$\tau_R = m \cdot k \tag{2.2}$$

Der Reibfaktor m variiert zwischen $0 \leq m \leq 1$. Haftreibung stellt sich für $m = 1$ ein, während $m = 0$ den reibungsfreien Zustand charakterisiert. Das Reibfaktorgesetz findet bei Umformprozessen mit hohen Normalspannungen ($\sigma_N = 3k_f$) Anwendung, wie sie in der Kaltmassivumformung typisch sind. Das Reibgesetz nach Orowan [Orow43] verbindet die beiden oben dargestellten Gesetze. In seinem Modell wird die Reibschubspannung bei niedrigen Kontaktnormalspannungen nach Coulomb proportional zu der Kontaktnormalspannung berechnet. Bei hohen Kontaktnormalspannungen wird die Reibschubspannung als konstant gleich der Schubfließspannung gesetzt. Der unstetige Übergang, der die realen Reibzustände mathematisch nur ungenügend beschreibt, erwies sich als Nachteil dieses Ansatzes [Doeg10]. Das Reibgesetz nach Shaw hat den Vorteil einer verbesserten Reibungsbeschreibung im Übergang vom Reibzahl- zum Reibfaktormodell.

Die oben genannten Modelle müssen nach dem heutigen Verständnis für das Phänomen Reibung als relativ stark abstrahierend verstanden werden, da wesentliche Einflussgrößen auf die Reibung, wie z.B. die wahre Kontaktfläche oder die mikroskopische Oberflächentopografie der Reibpartner, nicht in die genannten Modelle einfließen. Allerdings gibt es heute schon eine Reihe von Forschungsarbeiten, die Erweiterungen von Reibmodellen durch Einbindung der oben genannten Einflussgrößen berücksichtigen. Schey formuliert z.B. in seinen Arbeiten eine Korrelation zwischen der Gestalt der wahren Kontaktfläche während der Umformung in Abhängigkeit von der Normalspannung und des Reibfaktors m [Sche83].

Bay et al. lieferten 2011 einen mathematischen Ansatz zur Modellierung der Reibung in Abhängigkeit der Kontaktnormalspannung zwischen Werkzeug und Werkstück sowie der in der Reibzone wirkenden Temperaturen [Bay11]. Diese Ergebnisse resultieren aus langjährigen Forschungsarbeiten auf dem Gebiet der Reibmodellierung in der Umformtechnik [Bay76a], [Bay76b]. Bay et al. betrachteten insbesondere den wahren Kontaktzustand zwischen den Reibpartnern im tribologischen System und beschrieben diesen über folgenden analytischen Ausdruck:

$$\tau_R = f \cdot a_{rc} \cdot k \tag{2.3}$$

Obwohl der Einfluss der Werkzeuggeschwindigkeit [Metz70] und anderer Faktoren auf

die Reibung in diesem Reibgesetz nicht berücksichtigt werden [Hemy99], dient es als gute Grundlage, um den Reibschubspannungs-Kontaktspannungsverlauf iterativ rückwärts zu bestimmen. Die Formulierung der Reibschubspannung τ_R erfolgt in Abhängigkeit von einem Reibfaktor f, der die Reibung in der wahren Kontaktfläche charakterisiert, der Relation zwischen wahrer und nomineller Kontaktfläche α_{rc} und dem bereits aus dem Scherreibgesetz bekannten Scherfestigkeitsfaktor k. Die Beschreibung der Einglättung von Oberflächenrauheiten während der Umformung basiert auf experimentellen Forschungsarbeiten zur Einglättung idealisierter Rauheitsspitzen. Vergleichende Gegenüberstellungen des Reibmodells von Bay erfolgten durch Arbeiten von Durham [Durh91], Petersen [Pete97] und Tan [Tan02]. [Weid10] Die Betrachtung der Werkzeugrauheit zusätzlich zur Einebnung von Oberflächenrauheiten auf dem Halbzeug betrachtete Avitzur in seinen Arbeiten [Avit86]. Er erforschte den Einfluss der realen Kontaktflächen in der Wirkfuge auf die Reibung, allerdings ohne den Einfluss von Schmierstoffen, also unter trockenen Bedingungen. In ihren experimentellen Arbeiten zum Einfluss des Schmierstoffs auf die Ausbildung der wahren Kontaktfläche in der Umformtechnik formulierten Nellemann und Wanheim bereits Ende der siebziger Jahre erste Theorien. Das Modell der Micro-Plastic-Hydrodynamic Lubrication (MPHDL) wurde von Mizuno und Okamoto et al. [Mizu82] entwickelt und von Kudo und Azushima et al. [Kudo82], [Azus91], [Azus06] in ihren umfassenden Forschungsarbeiten zur Blechumformung erweitert.
Ein Modell zur Beschreibung des Schmierstoffeinflusses auf die Reibung in Mischreibungszuständen formulierten Robbe-Valloire et al. [RV02], [Paff05], Nogueira [Nogu10] und Dowson [Dows02, DD05] unter Betrachtung einer Verteilung der geometrischen Ausprägung der Rauheitsspitzen. Sie erforschten experimentell einen ausgedehnten Bereich von Kontaktzuständen, angefangen von einer Komprimierung des Schmierstoffs in der Wirkfuge über den elastischen Kontakt der Rauheitsspitzen bis hin zur plastischen Deformation der Rauheitsspitzen. Erste Arbeiten von Lu [Lu85] und spätere Arbeiten von Sutcliffe [Sutc88] beschäftigen sich im Kontext der Mischreibung mit den Phänomenen der Oberflächeneinglättung beim Walzen. Sutcliffe konnte zeigen, dass bestimmte Oberflächengeometrien einen besonderen Anteil an der Reibungsreduktion im Prozess haben, da diese durch den Umformprozess nicht vollständig eingeebnet werden und somit einen hohen Anteil der äußeren Lasten übertragen können. Ebenso beschäftigen sich Vidal-Sallé et al. [VS01], Hélénon et al. [Hélé04] und Hemyari [Hemy99] in experimentellen oder theoretischen Arbeiten mit Reibmodellen zur Erklärung von Mischreibungsphänomenen in Abhängigkeit von der Oberflächentopografie in der Umformtechnik.
Während die oben beschriebenen analytischen Modelle zur Modellierung der Reibung unter Betrachtung der Oberflächenfeingestalt auf breiten, theoretischen Annahmen basieren, kann mit Hilfe der Finite Elemente Methode (FEM) ein umfassenderes Verständnis für die elastischen und plastischen Vorgänge im Kontakt zweier Körper generiert werden, da eine große Anzahl an voneinander abhängigen physikalischen Effekten berücksichtigt wird. Erste Arbeiten zur Einebnung von Rauheitsspitzen in der Blechumformung kommen z.B. von Grüebler [Grüe03, Grüe00]. Allerdings stellt die Abbildung von komplexen Oberflächenstrukturen mittels FEM hohe Anforderungen an das numerische Modell und

die Rechenleistung moderner Computer. Insbesondere wenn die Interaktion von Rauheit und Schmierstoff in der Wirkfuge während der Umformung abgebildet werden soll, fehlen effiziente Methoden zur zielführenden Abbildung dieser Vorgänge durch numerische Modelle.

2.1.6 Oberflächenmikrotopografie und Wirkflächenkontakt

Das tribologische Verhalten eines Körpers im Kontakt mit der Oberfläche eines festen, flüssigen oder gasförmigen Gegenkörpers ist geprägt durch die Gestalt seiner technischen Oberfläche. Technisch gefertigte Oberflächen stellen unter dem Mikroskop ein Rauheitsgebirge dar, das im Kontakt mit einem Gegenkörper zunächst elastisch und mit steigenden Spannungen plastisch verformt und sich einglättet (siehe Abbildung 2.5).

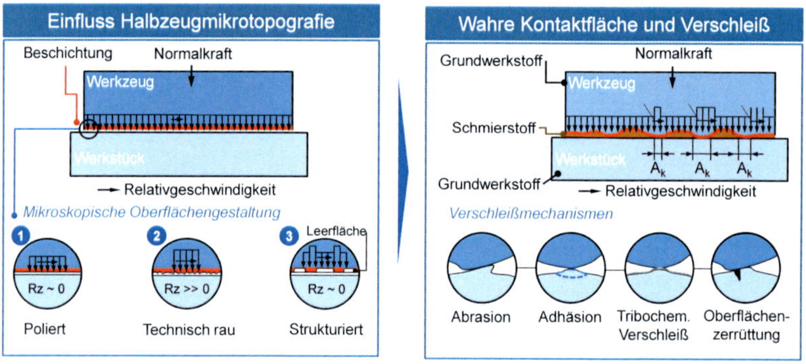

Abbildung 2.5: Einfluss der mikroskopischen Oberflächentopografie des Halbzeugs auf die Reibung

Influence of the microscopic topography of the surface of the semifinished product to the friction

Die Oberflächengestalt während der plastischen Einglättung hängt im Wesentlichen von der Topografie der Kontaktpartner, dem Werkstoffverhalten und den Druckverhältnissen im Kontakt ab [Weid10]. Die Erforschung des tribologischen Verhaltens einer Stoffpaarung bedarf daher eines grundlegenden Verständnisses für den Aufbau der technischen Oberfläche beider Kontaktpartner. Hier spielen insbesondere geometrische und werkstoffphysikalische, aber auch chemische und energetische Einflussgrößen eine wichtige Rolle. [Czic10]. Dies gilt u.a. für die Halbzeugoberfläche in der Kaltmassivumformung. Sie überträgt alle notwendigen Spannungen vom Werkzeug in den zu plastifizierenden Werkstoff und steht daher unter extremen mechanischen Belastungen im Prozess [Popp06]. In der Blechumformung sind grundsätzliche Erklärungsmodelle über die Wirkungsweise der mikroskopischen Halbzeugoberflächen im Kontakt mit dem Werkzeug bereits vorhanden. Steaves erforschte in seinen

Arbeiten den Zusammenhang zwischen der geometrischen Ausbildung der mikroskopischen Halbzeugoberfläche und dem Reibwert in der Blechumformung und stützte sich hierbei auf die Theorie der elasto-hydrodynamischen Schmierung (EDH-Theorie, siehe Abbildung 2.6). [Stae98]

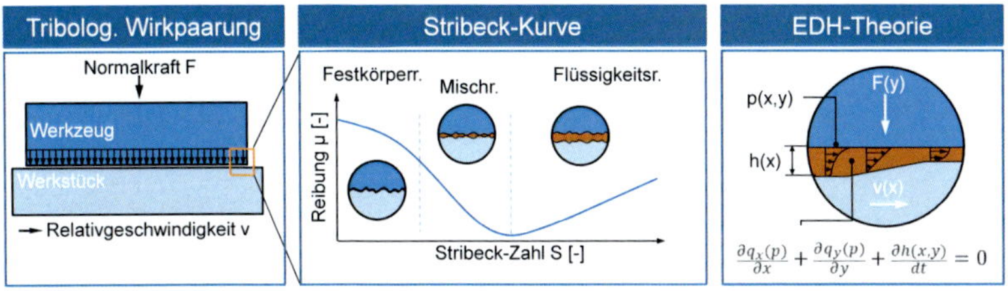

Abbildung 2.6: Tribologische Wirkpaarung, Stribeckkurve und EDH-Theorie [Stae98]

Tribological effective pairing, Stribeck curve and EDH theory [Stae98]

Unter diesen Annahmen formulierte er verschiedenartige tribologische Schmierstoffeffekte in Abhängigkeit von der mikroskopischen Oberflächenstruktur des Blechwerkstoffs, die je nach Ausprägung hydrostatische oder hydrodynamische Druckanteile zwischen Blech und Werkzeug ausbilden können und den Reibwert im Prozess dadurch maßgeblich prägen (siehe Abbildung 2.7).

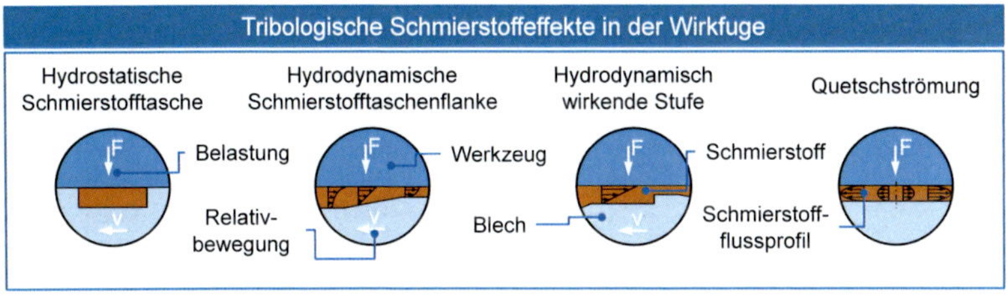

Abbildung 2.7: Einfluss der Mikrotopografie auf die Ausbildung von Schmierstofftaschen [Stae98]

Influence of micro-topography on the formation of lubricant pockets [Stae98]

Aufgrund deutlich veränderter prozessseitiger Randbedingungen kann die Modelltheorie von Staeves nur bedingt für die Erklärung der Wirkungsweise der mikroskopischen Halbzeugtopografie auf die Reibung in der Kaltmassivumformung herangezogen werden. Durch deutlich höhere Kontaktnormalspannungen und geringere Relativgeschwindigkeiten zwischen Werkzeug und Werkstück lassen sich die tribologischen Randbedingungen

beider Prozesse kaum vergleichen. Um die Wirkmechanismen der Interaktion von Halbzeugoberfläche, Schmierstoff und Werkzeugoberfläche und deren Effekt auf die Reibung bei der Kaltmassivumformung grundlegend zu verstehen, muss insbesondere die Oberflächentopografie und deren geometrische Veränderung durch plastische Deformation im Umformprozess in quantitativer Form in die Betrachtungen mit einfließen [Jens04].
Einen wesentlichen Beitrag zum allgemeinen Verständnis der Einglättung von Oberflächen im Kontakt zweier Oberflächen haben Greenwood, Rowe, Atala und Williamson in ihren Forschungsarbeiten bereits in den sechziger Jahren des neunzehnten Jahrhunderts geleistet. In ihrem theoretischen Modellansatz steht der von ihnen formulierte Plastizitätsindex im Fokus, der in Abhängigkeit von unterschiedlichen Werkstoff- und Topografiekennwerten berechnet, ob sich Rauheitsspitzen im betrachteten Kontakt elastisch oder plastisch verformen [Gree65], [Gree66], [Atal75], [Gree84]. Modellerweiterungen zu den Vorstellungen von Greenwood et. al. sowie eigenständige Modelle zur Beschreibung der Kontaktdrücke und der Ausbildung der wahren Kontaktfläche lieferten Chivers et al. [Chiv74], Uppal et al. [Uppa73] sowie Tsukizoe [Tsuk65] und Hisakado [Hisa75, Hisa76]. Wesentliche Forschungsarbeiten zum Verständnis von Topografieeinglättungen wurden ebenfalls von Wanheim und Bay et al. geleistet und haben u.a. zur Formulierung des von ihnen vorgeschlagenen Reibmodells geführt [Bay76a, Bay76b, Bay75] (siehe hierzu auch Kapitel 2.1.5).
In neueren Arbeiten schlagen Sobis et al. ein mechanisch-rehologisches Modell zur Erklärung des Kontakts von einer rauhen mit einer glatten Oberfläche und einer flüssigen Zwischenschicht vor. Sie beschreiben erstmalig unterschiedliche Traganteile im mikroskopischen Oberflächenkontakt, die dazu führen, dass in geschlossenen Schmierstofftaschen Kontaktspannungen durch das Schmiermedium übertragen werden und somit die Reibung reduzieren können [Sobi92, Sobi96]. Sobis et al. stützen sich auf ein empirisch-analytisches Vorgehen. Numerische Vorschläge zur Erweiterung des Verständnisses der Vorgänge in der Wirkfuge brachten Makinouchi et. al. bereits 1988 ein [Maki88]. Die Forschergruppe um Makinouchi formulierte ein Modell zur Beschreibung der Interaktion rauer Topografien bei großen plastischen Verformungen. Ebenso wurde von ihnen der Effekt der Oberflächenneubildung numerisch simulativ untersucht, allerdings grundsätzlich ohne die Einbeziehung von Schmierstoffen in die simulative Abbildung des Systems.
Den Einfluss von mechanisch gestrahlten Halbzeugoberflächen auf die Reibung beim Kaltfließpressen weist Kappes in seiner Arbeit nach. Er untersuchte in zahlreichen experimentellen Versuchsreihen im Verjüngungsversuch unterschiedliche mikroskopische Oberflächentexturen auf dem Halbzeug und leitete daraus Empfehlungen für die Mikrotopografie ab [Kapp03, Kapp05]. Dies greift Köhler in seiner Dissertation auf und vertieft die Erkenntnisse hinsichtlich zielführenden Oberflächenmikrogeometrien zur Reduktion von Reibungsvorgängen in der Massivumformung [Köhl10]. Weidel analysiert in seinen Arbeiten den Kontaktzustand zwischen Werkzeug und Werkstück vor dem Gesichtspunkt der Ausbildung einer Rauheit zweiter Ordnung in der wahren Kontaktfläche und spricht dieser einen Einfluss auf die Reibung bei Anwesenheit von Schmierstoff zu [Weid10]. Stahlmann entwickelte 2011 auf Basis experimenteller Versuchsreihen eine Methode zur Ermittlung und Implementierung von Oberflächenkennwerten in die Reibungsmodellierung für die

numerische Simulation auf Basis der FEM.
Einen Ansatz zur numerischen Simulation realer Oberflächen unter Kontakt in Normalenrichtung für die Blechumformung wurde bereits Anfang der neunziger Jahre sowohl von Wagner et al. als auch von Bünten [Bünt96] vorgeschlagen. Innerhalb des Betrachtungsraumes der Blechumformung wurden u.a. numerische Simulationen von Kaminsky et al. vorgenommen. Kaminsky wählte einen ähnlichen Ansatz wie Wagner und modellierte digitalisierte Oberflächentopografien, die aus experimentellen Topografiemessungen erzeugt wurden [Kami99a, Kami99b]. Grüebeler stellt in seiner Dissertationsschrift ein numerisches Modell zur Abbildung der Kontaktbildung in der Blechumformung unter Betrachtung des Schmierstoffeinflusses vor [Grüe03, Grüe00]. Groche et al. ergänzen die bisherigen numerischen Modelle um die Implementierung von Gefüge- und Textureinflüssen, die bei einer mechanisch bearbeiteten Oberflächenstruktur Veränderungen zum unbeeinflussten Grundgefüge aufweisen, allerdings ohne den Einfluss des Schmierstoffes abzubilden. Im Jahr 2011 stellen Hubert et al. ihre Forschungsarbeiten zur zweidimensionalen Simulation von Schmierstofftascheneffekten vor [Hube11]. Sie wählten hierbei ähnlich wie Groche et. al. einen gekoppelten Ansatz zur iterativen Simulation von strukturmechanischen und fluiddynamischen Aspekten während der Oberflächendeformation und erforschen anschließend die Fluidströme in den Kavitäten .
Da die Abbildung realer Oberflächenrauheiten mit einer sehr komplexen Digitalisierung und einem enormen Rechenaufwand verbunden ist, konzentrieren sich Váradi et al. in ihren Forschungsarbeiten auf die Überführung von realen Oberflächen in synthetische Oberflächen, die durch analytische Ansätze eine Oberfläche durch geometrisch einfache Formen annähern und somit den Modellierungsaufwand deutlich reduzieren [Vára01], vernachlässigen jedoch wiederum die Abbildung von Zwischenstoffen in Form von Schmiermedien in ihrem Modell.

2.1.7 Verschleißformen und -mechanismen

Verschleiß kennzeichnet einen fortschreitenden Materialverlust aus der Oberfläche eines festen Körpers aufgrund mechanischer Ursachen, d.h. durch Kontakt und Relativbewegung eines festen, flüssigen oder gasförmigen Gegenkörpers. In Abhängigkeit von den Parametern eines Tribosystems und den jeweiligen tribologischen Belastungen dominieren einer oder mehrere der vier wesentlichen Verschleißmechanismen Adhäsion, Abrasion, Tribochemischer Verschleiß und Oberflächenzerrüttung (siehe Abbildung 2.8) [Czic10].

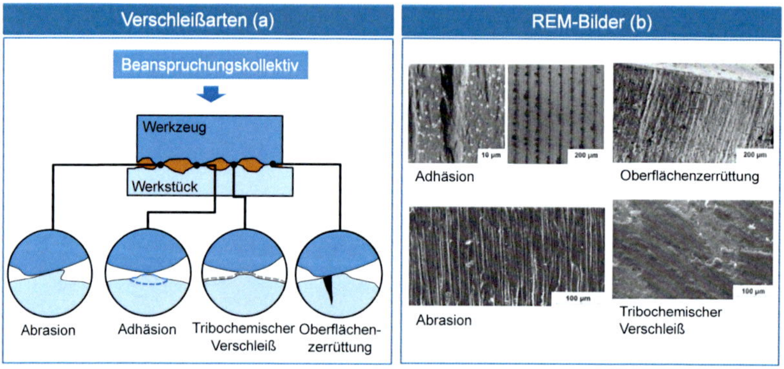

Abbildung 2.8: Schematische Darstellung von Verschleißarten im Tribosystem der Umformtechnik (a) und REM-Aufnahmen (b) (nach: [Kloc06])

Schematic drawings of wear mechanisms in forming processes (a) and SEM images (b) (according to: [Kloc06])

Unter Verschleißmechanismen versteht man die beim Verschleißvorgang ablaufenden physikalischen und chemischen Prozesse. Sie ergeben sich durch das Einwirken des Beanspruchungskollektivs auf die Elemente des tribologischen Systems und äußern sich in energetischen und stofflichen Wechselwirkungen zwischen Grundkörper und Gegenkörper bei Beeinflussung durch Zwischenstoff und Umgebungsmedium und definieren sich wie folgt [Kloc06]:

- *Adhäsion:* Ausbildung von Grenzflächen-Haftverbindungen; Verschleiß tritt durch die nachfolgende Trennung der Haftverbindung im angrenzenden Material des Kontaktpartners mit der geringen Festigkeit außerhalb der ursprünglichen Grenzflächen auf und führt somit zu einem Materialübertrag auf den Reibpartner mit der höheren Festigkeit

- *Abrasion:* Materialabtrag durch furchende und ritzende Beanspruchung (Mikrozerspanung)

- *Oberflächenzerrüttung:* Ermüdung und Rissbildung in Oberflächenbereichen durch tribologische Wechselbeanspruchungen, die zu Materialtrennungen und -abtragungen führen

- *Tribochemischer Verschleiß:* Durch tribologische Beanspruchung aktivierte bzw. geförderte chemische Reaktionen zwischen Grundkörper, Gegenkörper und angrenzenden

Medien (Schmierstoff, Umgebungsmedium), die zur Entstehung von Reaktionsschichten bzw. -partikeln führen. Diese weisen häufig vom Grundmaterial verschiedene Abtragungsraten auf [Gese02]

Adhäsionsverschleiß aber auch die Abrasion sind die größten verschleißtechnischen Herausforderungen in der Kaltmassivumformung, die sich direkt auf die Standzeit des Werkzeugs auswirken und somit die Machbarkeit und Wirtschaftlichkeit des Verfahrens maßgeblich bestimmen. [Schu07], [Kloc06], [Doeg93] Der Verschleißangriff rührt aus einer extremen mechanischen Beanspruchung der Werkzeuge, die Kontaktnormalspannungen von bis zu 3000 MPa unter zyklischen Belastungen ausgesetzt sind [Wagn08]. Aufgrund der hohen Kontaktnormalspannungen in der Wirkfuge und der z.T. hohen Relativbewegungen zwischen Werkzeug und Werkstück werden besondere Maßnahmen zum Verschleißschutz der Werkzeuge erforderlich [Schr10]. Diese werden auch heute noch über ein sogenanntes Trennschicht-Schmierstoff-System realisiert. Dahinter verbirgt sich eine ökologisch z.T. bedenkliche und aus ökonomischer Sicht kostenintensive Applikation einer reibungs- und verschleißsenkenden Konversionsschicht auf den umzuformenden Halbzeugen. In Kombination mit einer Seife oder hochadditivierten Schmierstoffen wird somit den anspruchsvollen tribologischen Randbedingungen in der Kaltmassivumformung begegnet.

2.1.8 Das Trennschicht-Schmierstoff-System

In der Kaltmassivumformung treten tribologische Herausforderungen auf, die zu den anspruchsvollsten in der Umformtechnik gezählt werden: Extreme Normal- und Scherspannungen im Kontakt zwischen Werkzeug und Werkstück erzeugen wiederum eine extreme Prozessreibung. Unter diesen Bedingungen ruft die stoffliche Affinität der Werkstoffe von Werkzeug und Werkstück, überlagert von hohen Prozesstemperaturen in der Wirkfuge, Adhäsionsmechanismen hervor, die zu Aufschweißungen auf der Werkzeugoberfläche und somit zum Werkzeugverschleiß führen. Daher kommen in der Kaltmassivumformung spezielle tribologische Systeme zum Einsatz, die eine wirtschaftliche Fertigung überhaupt erst ermöglichen: Trennschicht-Schmierstoff-Systeme. Dabei hat sich in der industriellen Anwendung für die Behandlung vieler Stahlwerkstoffe (insbesondere un- und niedriglegierter Stähle) die Applikation einer Zinkphosphatschicht als Konversionschicht anorganischer Salze ($Zn_3(PO_4)_2$) auf dem Halbzeug durchgesetzt. [Bay94], [Bay10] In Kombination mit den Schmierstoffen Zinkseife, Zinkstearat oder Molybdändisulfid (MoS_2) finden diese Systeme und dem Begriff „Bondern“ weitverbreitete Anwendung in der Industrie [Bart04], [Lang08]. Der Bonderprozess beruht auf dem Patent von Singer, nach dem man die Werkstücke *„mit einer dichten, zusammenhängenden Kristallhaut von Oxyden oder Salzen, z.B. Phosphaten versieht, deren Kristalle fest mit der metallischen Unterlage verwachsen sind“* [Sing34]. Die Qualität einer Zinkphosphatschicht wird anhand der integrierbaren Schmierstoffmenge, der reaktiven Seifenumsetzung, dem Grad der Maschinenverschmutzung und der chemischen Struktur gemessen [Kapp03, Kapp05]. Die Wirkungsweise kann unterteilt werden in einen chemischen Anteil, bei dem die Konversionsschicht als Zinklieferant für den Seifenschmierstoff dient, und einen mechanischen Anteil, der in erster Linie als Haftgrund für den applizierten Seifenschmierstoff agiert und darüber hinaus als Trennschicht durch die Kristallite und deren epitaxischer Verwachsungen auf dem Substrat dient [Raus05], [Doeg10]. Der Prozessablauf zur Applikation einer Zinkphosphatschicht auf einem metallischen Halbzeug ist in Abbildung 2.9 dargestellt.

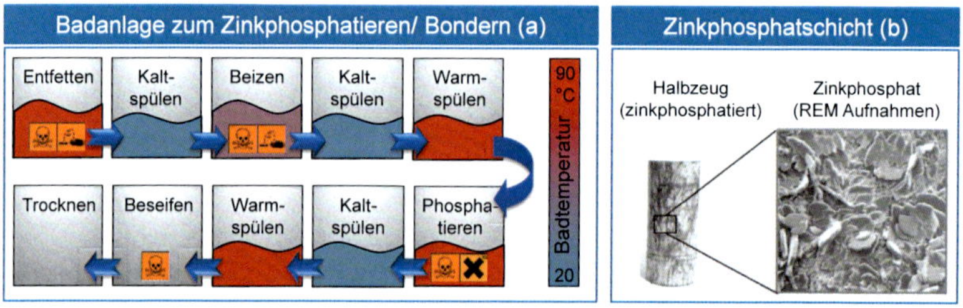

Abbildung 2.9: Anlage zum Zinkphosphatieren von Bauteilen für die Kaltmassivumformung (a) behandeltes Bauteil sowie REM-Aufnahme der Struktur einer Zinkphosphatschicht (b)

Zinc phosphating unit for cold forging (a) treated part and SEM image of the zink structure layer (b)

Ein vorgeschalteter Strahlprozess reinigt zunächst die Bauteile von Zunder und Ablagerungen. Ein anschließendes Entfettungsbad (Reinigungslösung aus alkalischen Salzen und Tensiden) säubert und aktiviert das Werkstück bei einer Temperatur von 50 °C. Nach einem Spülen in kaltem Wasser folgt ein Beizprozess in einem 40-60 °C warmen Bad von Schwefel- oder Salzsäure mit einer Konzentration von 15-18%. Bei diesem Prozess gehen Metallkationen unter Wasserstoffentwicklung in Lösung. Nach einem weiteren Spülen in kaltem Wasser kann eine Aktivierung der Oberfläche in einer warmen, wässrigen Lösung von Titanorthophosphat angeschlossen werden. Die anschließende Phosphatierung findet in einem Bad mit einem ph-Wert von etwa 2 und einer Temperatur von ca. 45-95°C statt, in dem die Phosphatschicht aufgrund des vorgeschalteten Beizprozesses verzahnt auf der Oberfläche des Stahlwerkstoffs aufwächst und eine schuppenförmige Struktur ausbildet. Diese mikroporöse beziehungsweise mikrokapillare Schichtstruktur ermöglicht eine gute Verankerung nachfolgender Beschichtungen sowie die Speicherung von Schmierstoffen auf der Werkstückoberfläche und deren Transport in die Umformfuge zwischen Werkzeug und Werkstück.

2.1.9 Ökologie im Kontext der Kaltmassivumformung

Aus der Erkenntnis eines gesteigerten Umweltbewusstseins heraus rückt seit einigen Jahren der ökologische Gedanke in der Fertigung stärker in den gesellschaftspolitischen Fokus und prägt somit auch die allgemeine Strategie der produzierenden Unternehmen

[Murr10], [Kapp03, Kapp05]. Die Aufgabenstellungen auf Seiten der Forschung und Entwicklung beschränken sich daher nicht mehr nur auf technologische Optimierung von Fertigungssystemen, sondern gleichermaßen auf die Reduktion von ökologisch bedenklichen Produktionsstoffen. Studien zur Umweltverträglichkeit und Toxizität der WHO führten u.a. zur Einstufung einiger Zinkverbindungen und Nickelsalze als umweltgefährliche und toxische Substanzen. Demzufolge sind Nickelsalze seit Dezember 2010 in der EU als cmr (cancerogen, mutagen und reprotoxisch) eingestuft, wovon auch viele Prozesse zur Zinkphosphatierung betroffen sind. Darüber hinaus begründen hohe Umweltbelastungen (Schlamm- und Abwasseranfall) und hohe Verfahrenskosten (aufwendige, mehrstufige Prozessführung erfordern hohe Energie- und Wartungsbedarfe) den Handlungsbedarf zur Entwicklung von Alternativen zur Zinkphosphatierung von Halbzeugen für die Kaltmassivumformung [Hilt13]. Weitere ökologische Probleme sind in der Entsorgung von Rest- und Abfallstoffen zu sehen. Die anfallenden Stoffe müssen aufwendig und kostenintensiv entsorgt oder aufbereitet werden und können der Produktion nur in den wenigsten Fällen wieder zugeführt werden. In diesem Zusammenhang gilt es, das Dilemma zwischen einer ökonomischen Fertigung und einer ökologisch sinnvollen Produktionsstrategie aufzulösen und Alternativen für eine Zinkphosphatierung von Halbzeugen für die Kaltmassivumformung aufzuzeigen.

2.1.10 Ansätze zur Substitution von Zinkphosphatschichten

Die oben genannten ökologischen und ökonomischen Problemstellungen führten bereits zu unterschiedlichen Vorschlägen zur Substitution von Zinkphosphatschichten auf Halbzeugen für das Kaltfließpressen. [Rupp97], [Kapp05], [Köhl10] Unter anderem wurde eine große Bandbreite Trägerschichten und Schmiermittel in diesem Zusammenhang erforscht. Schmoeckel et al. fokussierten sich auf Schichten aus anorganischen Salzen oder auf Polymerbasis in Kombination mit einer Metallseife [Schm98, Schm97]. Konversionsschichten mit Borsalzen oder Silikaten als Grundwerkstoff erforschten Dubar et al. [Duba98]. Vey entwickelte einen Polymerfilm als Trockenschmiermittel. Schlussendlich konnten aber auch diese Verfahren auf chemische Bäder nicht gänzlich verzichten und reduzierten oder verlagerten somit lediglich die ökologische Problemstellung.
Darüber hinaus gibt es eine hohe Anzahl an Forschungsarbeiten, die eine Reduktion der Schwermetalle im konventionellen Bonderprozess anstreben und das Betreiben der Bäder bei niedrigeren Temperaturen ermöglichen. Integrierte Maßnahmen zur Schmierstoffaufbereitung und Nachadditivierung verringern zusätzlich die Abfallmengen [Dwul02].
Neuere Forschungsarbeiten setzen bei der Substitution von Zinkphosphatschichten z.B. auf wachsartige Schmierstoffe auf den Halbzeugoberflächen, die bei ca. 60°C aufgetragen werden [Lang08]. Alternative Konzepte, wie sie z.B. von Marx et al. und Gariety untersucht wurden, ersetzen die kostenintensiven Tauch- und Spülbäder durch einen Kugelstrahlprozess, bei dem sich eine auf Kugeln befindliche Eisen-Zink-Schicht auf die Werkstücke überträgt [Marx03]. Eine weitere Alternative erforschten Arentoft et. al., in dem sie einen Prozess zur elektrochemischen Abscheidung einer Beschichtung aus zwei unlöslichen Metallen entwickelten, von denen die obere Beschichtung anschließend selektiv in verdünnter

Säure geätzt wird. Dadurch wird eine Porosität in der oberen Schicht erzeugt, die im Umformprozess als Trägerschicht für das Schmiermittel fungiert [Aren09]. Einen umfassenden Überblick über korrespondierende Arbeiten zur Substitution von Konversionsschichten auf Halbzeugen für die Kaltmassivumformung liefern Bay et al. in dem Keynote Paper zum Thema „Environmentally Benging Tribosystems for Metal Forming" [Bay10].
In Forschungsarbeiten innerhalb des Sonderforschungsbereich SFB 442 (Umweltverträgliche Tribosysteme) [Murr10] wurden sehr vielversprechende Ansätze zur Substitution von hochadditivierten Schmierstoffen für Umformprozesse durch eine Verlagerung der tribologischen Verschleißaufgaben auf die Werkzeugoberfläche in der Kaltumformung erarbeitet. Hierzu wurden zunächst die grundlegenden Verschleißmechanismen verschiedenartiger Umformprozesse erforscht und auf Basis der Erkenntnisse reibungs- und verschleißreduzierende Hartstoffschichten entwickelt, die mittels PVD-Technologie (Physical Vapor Deposition) abgeschieden werden [Kloc09a, Kloc09b, Kloc10a]. Im begleitenden Transferprojekt „Bonderfreies Kaltfließpressen" erfolgten Forschungsarbeiten explizit zur Substitution von Zinkphosphatschichten und hochadditivierten Fließpressölen in der Kaltmassivumformung. [Bobz09], [Schu11], [Bobz11], [Schu12a]

2.2 Beschichtungen

Die Oberfläche des Werkzeugs nimmt eine zentrale Rolle im Tribosystem der Kaltmassivumformung ein. Hierbei stellt sich insbesondere die Frage nach der chemischen und physikalischen Beschaffenheit. Insbesondere müssen die übrigen Wirkpartner im Tribosystem auf die Besonderheiten der Werkzeugoberfläche abgestimmt sein, um Reibung und Verschleiß auf einem möglichst geringen Niveau zu halten. Werkzeugbeschichtungen kommen heute in den unterschiedlichsten Varianten zum Einsatz, die sich in ihrer chemischen Zusammensetzung und ihrem Aufbau (Architektur) deutlich unterscheiden können [Maßm07]. Sie werden bereits seit den 1980er Jahren in Deutschland zum Schutz vor Verschleiß in Umformprozessen eingesetzt. Die bis heute bedeutendsten Beschichtungsverfahren in der Werkzeugtechnik sind das Physical Vapor Deposition (PVD)- [Matt10], [SH06] und das Chemical Vapor Deposition (CVD)-Verfahren [Park01], [Jone09]. Beide Varianten ermöglichen das Abscheiden von verschleißschützenden Hartstoffbeschichtungen von nur einigen Mikrometern Dicke [CdP08]. Da in dieser Arbeit das PVD-Verfahren im Fokus der Forschung steht, wird darauf im Folgenden detaillierter eingegangen.

2.2.1 PVD-Technologie

Die ersten Werkzeugbeschichtungen mittels PVD-Technologie wurden Ende der 1970er Jahre auf HSS-Werkzeugen abgeschieden [Frey87]. Bis heute hat sich diese Technologie deutlich weiterentwickelt und wird sowohl für alternative Substratwerkstoffe (Hartmetall, Cermets) als auch zum Abscheiden von Schichten, die nicht nur technisch-funktionalen Anforderungen nachkommen, sondern auch dekorative Zwecke bedienen, angewendet. Insbesondere dort, wo hohe Anforderungen an die Verschleißfestigkeit von Werkzeugen für

die Umformtechnik von zentraler Bedeutung sind, stellt die PVD-Technologie ein hohes Verfahrens- und Prozessspektrum zur Verfügung, um anforderungsgerechte Lösungen zu implementieren. [Such12], [Faul12], [Bobz13]
Der Begriff PVD-Technologie umfasst eine Reihe von Beschichtungsverfahren zur Abscheidung von Metallen, Legierungen oder chemischen Elementen durch Energiezufuhr oder den Teilchenbeschuss im Hochvakuum. Der aufgeschmolzene oder auch atomar abgetragene Schichtwerkstoff wird dabei über die Gasphase zum Werkzeug/ Substrat transportiert. Man unterscheidet die industriell eingesetzten Varianten Lichtbogenverdampfen (auch Arc Ion Plating (AIP)-Verfahren genannt), Kathodenzerstäuben (Magnetron Sputter Ion Plating MSIP-Verfahren) und Elektronenstrahlverdampfen (Electron Beam EB-Verfahren) in Abhängigkeit von der Art der Energieeinbringung zur Verdampfung der Schichtwerkstoffe. Generell kennzeichnet die PVD-Technologie ein hohes umweltfreundliches Potenzial, da keinerlei umweltgefährdende oder toxische Produkte im Prozess entstehen bzw. abgeschieden werden. [Menn08].
Mit Härtewerten deutlich über 1000 HV zählen viele PVD-Beschichtungen zu den Hartstoffschichten und kommen daher häufig als Verschleißschutzschicht zur Reduktion des abrasiven Verschleißes am Werkzeug zum Einsatz. Ein Materialübertrag durch adhäsive Mechanismen wird darüber hinaus bei einer Vielzahl der Schichtkonzepte dadurch unterbunden, dass sie gegenüber Stahlwerkstoffen eine andersgeartete chemische Komposition (häufig auf keramischer Basis) und einen inerten Oberflächenzustand aufweisen. Die geringe chemische Affinität zwischen Beschichtung und Stahl vermeidet somit Diffusionsvorgänge, die zu Materialaufschweißungen am Werkzeug führen. Bisher konnten allerdings nur sehr wenige Schichtkonzepte hervorgebracht werden, die zur Reduktion von Reibungsphänomenen in der Umformtechnik angewendet werden konnten. Die vorgestellten Konzepte hatten jedoch den Nachteil, dass die Reibungsreduktion auf Kosten der Abrasionsfestigkeit der Beschichtung ging. Diese Schichten sind daher für die anspruchsvollen mechanischen Belastungen in der Kaltmassivumformung nicht einzusetzen [Murr10]. Hierzu gibt es mehrere Arbeiten im Kontext der Kaltmassivumformung, wobei trotz einer Werkzeugbeschichtung nicht gänzlich auf eine Halbzeugbeschichtung verzichtet werden konnte. [Enge12], [Faul12]

2.2.2 Arc Ion Plating

Die in dieser Arbeit betrachteten Schichten werden über das sogenannte Arc Ion Plating (AIP)-Verfahren abgeschieden. Das AIP-Verfahren wird in der industriellen Anwendung zur Abscheidung sowohl nitridischer und karbidischer Hartstoffschichten als auch von DLC (Diamond Like Carbon)-Schichten verwendet. [Bobz13], [CdP08] Ein mittels Magnetfeld gesteuerter Lichtbogen erzeugt beim Arc Ion Plating die notwendige Energie zur Verdampfung und fast vollständigen Ionisierung eines elektrisch leitfähigen, in vielen Fällen metallischen Werkstoffs, der in Form eines sogenannten Targets vorliegt. Die extrem hohe Energiedichte am Auftreffpunkt des Lichtbogens auf dem Kathodenmaterial führt zu einer explosionsartigen Verdampfung. Der typische hohe Ionisierungsgrad der schichtbildenden Partikel von über 90% sorgt auf dem Werkzeugsubstrat für eine sehr dichte Schicht, die eine sehr hohe Haftfestigkeit erreicht. Die ionisierten Teilchen werden mit Hilfe einer Bias-Spannung zum Werkzeug geleitet, auf dem die Schicht abgeschieden werden soll. Insbesondere die Herstellung von Mehrlagenschichten bis hin zu nanolaminaten Schichtsystemen ist mit dieser Technologie möglich und erzeugt somit ein breites Einsatzspektrum, das gute technologische Lösungen für die anspruchsvollen mechanischen Anforderungen bei der Kaltmassivumformung liefern kann. [CdP08]

Fazit: Hartstoffbeschichtungen, abgeschieden in PVD-Prozessen, liefern ein hohes Potenzial zur Reduktion von adhäsivem und abrasivem Verschleiß auf Umformwerkzeugen für die Kaltmassivumformung. Die Prozessreibung kann durch eine Hartstoffschicht bisher jedoch nur sehr bedingt beeinflusst werden. Um einen gewünschten tribologischen Effekt mit einer geringen Reibung im Kontakt zwischen Werkzeug und Werkstück einzustellen, bieten sich zwei Herangehensweisen an. Dies sind zum einen die gezielte Funktionalisierung der Oberfläche des Umformwerkzeuges durch geeignete multifunktionale Beschichtungen und zum anderen die Funktionalisierung der Halbzeugoberfläche durch eine dem Prozess angepasste Strukturierung zur Reduktion der Prozessreibung. Beide Alternativen sind bisher noch unzureichend erforscht [Raed02], [Maßm07].

2.3 Schmierstoffe

Schmierstoffe sind vielfach das Mittel der Wahl, um Reibung und Verschleiß in industriellen Umformprozessen zu reduzieren [Bart87]. In anspruchsvollen Kaltmassivumformungsprozessen werden Fließpressöle oftmals in hochadditivierter Form zusätzlich zur Zinkphosphatierung auf dem Halbzeug eingesetzt. Sie beeinträchtigen somit in besonderem Maße die Ökobilanz dieser Prozesse. Generell kann jedoch festgehalten werden, dass sich die Leistungsfähigkeit und die Wirtschaftlichkeit eines Umformprozesses auch heute noch stark über die Leistungsfähigkeit des Schmierstoffs definieren [Bart04].
Die speziellen Bedingungen in der Wirkfuge zwischen Werkzeug und Werkstück sowie der umformtechnische Anwendungsfall definieren die Anforderungen an den zu verwendenden Schmierstoff. Diese Anforderungen hängen von den Betriebsbedingungen, den Umgebungsbedingungen sowie speziellen Vorgaben, z.B. von Umwelt-, Entsorgungs- und Sicherheitsaspekten ab. Hieraus ergeben sich die unterschiedlichen Schmierstofftypen, jeweils formuliert für den vorgesehenen Anwendungsfall. Unter der Formulierung eines Schmierstoffs wird die Anpassung an den Anwendungsfall verstanden. Die Eigenschaften eines Schmierstoffs können in Auswahlwerte und Gütewerte unterteilt werden. Bei den Gütewerten kann zwischen Sekundär- und Primäreigenschaften unterschieden werden. Letztere sind charakteristisch für einen bestimmten Anwendungsfall [Bart10]. Da diese Arbeit auf Fließpressöle für die Kaltmassivumformung fokussiert ist, werden die Eigenschaften dieser Schmierstoffe im Folgenden vorgestellt und aktuelle Forschungsarbeiten diskutiert.
Bei Fließpressölen wird zunächst zwischen Grundöl und Additiv unterschieden. Grundöle

bestehen in den häufigsten Anwendungsfällen auf mineralischen (Mineralöl), natürlichen (pflanzliche oder tierische Öle) oder synthetischen (Ester, Polyalphaolefine) Stoffen, die insbesondere die physikalischen, aber auch die chemischen Eigenschaften des Schmierstoffs prägen. Bei den physikalischen Eigenschaften ist hier die kinematische Viskosität η hervorzuheben, die das Fließverhalten prägt und damit auch die Trennung von Werkzeug und Werkstück hervorruft. Zusätzlich erfüllt das Grundöl viele sekundäre Funktionen wie z.B. die Kühlung im Reibkontakt und den Korrosionsschutz.
Für die Anpassung an den Anwendungsfall müssen dem Grundöl Additive zugesetzt werden. Fließpressöle sind daher in der Regel mit Additiven versetzt. [Mang07, Mang11]. Man unterscheidet zwischen fluidstabilisierenden und oberflächenaktiven Additiven, wobei insbesondere die oberflächenaktiven Additive die tribologischen Eigenschaften eines Schmierstoffes prägen [Maßm07]. Mit Blick auf die Kaltmassivumformung kommen hauptsächlich polare Wirkstoffe sowie Verschleißschutzadditive (Anti Wear - AW), Hochleistungsadditive (Extreme Pressure - EP) und PEP-Additive zur Anwendung [Bart04]. Polare Wirkstoffe haben die Aufgabe, generell den Verschleiß zu reduzieren und die Haftung des Schmierstoffs auf Oberflächen zu optimieren. AW-, EP- und PEP-Additive sollen den Verschleiß insbesondere bei hohem Verschleißangriff auf die Werkzeuge reduzieren. Sie bilden unter Druck eine schwerweiche, oberflächentrennende Grenzschicht. Zwar sind einige der AW-, EP- und PEP-Additive sehr polar; als polare Wirkstoffe bezeichnet man jedoch nur Additive ohne chemische Wirkung [Maßm07].
Zu den weiteren Additivtypen gehören Viskositätsindex-Verbesserer, Oxidationsinhibitoren, Korrosionsinhibitoren, Deaktivatoren, Fressschutzwirkstoffe, Reibungsveränderer, Detergent, Dispersantwirkstoffe, Haftverbesserer, usw. Man unterscheidet bei den tribologisch wirksamen Additiven drei unterschiedliche Klassen:

- Additive, die durch Adsorption (Physisorption) an der Oberfläche zu einer Reduktion der Reibkraft und des Verschleißes führen. Die Wirkung dieser Additivklasse basiert auf der Bildung eines dichten Molekülfilms auf der Oberfläche der Reibpartner, hervorgerufen durch Wasserstoffbrückenbildung polarer Gruppen dieser Additivklasse. Einige synthetische Grundöle besitzen diese polare Eigenschaft und werden deshalb auch schon als Additive in mineralölbasierten Schmierstoffen eingesetzt.

- Additive, die durch Chemisorption an die Oberfläche gebunden werden (AW: Anti-Wear Additive). Dieser Mechanismus wird durch einen Elektronenaustausch und der daraus folgenden Hauptvalenzbindung zwischen Adsorbat und einer Oberfläche hervorgerufen. Die Additive dieser Gruppe sind für mittlere mechanische Lasten und Temperaturen geeignet, die etwas höher liegen als bei der Physisorption. [Raed02]

- Additive, die durch chemische Reaktion mit dem Werkstoff eine Schicht ausbilden (EP-Additive). Die Reaktionen benötigen eine bestimmte Aktivierungsenergie um abzulaufen. Dies hat zur Folge, dass typische EP-Additive erst bei höheren Prozesstemperaturen wirksam werden [Maßm07]. Durch hohe mechanische oder thermische Lasten im Prozess können diese Schichten in ihren Dicken reduziert oder sogar ganz von einer Oberfläche abgetragen werden. Ein sicherer Verschleißschutz liegt erst dann wieder vor, wenn sich die Schicht durch oben genannte Prozessrandbedingungen bei einem erneuten Kontakt zwischen Werkzeug und Werkstück direkt neu bilden kann [Raed02].

Generell kann festgehalten werden, dass auch moderne Fließpressöle in den meisten Fällen auf Mineralöl als Grundöl aufbauen. Als Alternativen werden z.B. esterbasierte Schmierstoffe vorgeschlagen, deren grundlegende Wirkungsweise bisher jedoch noch nicht vollständig verstanden und erklärt ist. Dies erschwert eine zielgerichtete Komposition ökologisch und ökonomisch zielführender Öle [Murr10]. Generell erfolgt die Auswahl und Optimierung von Schmierstoffen größtenteils auf empirisch gewonnenen Ergebnissen und Erfahrungswerten, da das Wissen und die vorliegenden Modellvorstellungen über tribochemische Vorgänge in Umformprozessen in vielen Fällen nicht ausreicht, um Aussagen über chemische Reaktionen und Wirkungsprinzipien der Additive zu treffen [Hipl03]. Insbesondere für die Kaltmassivumformung finden sich nur wenige Quellen, die sich mit der grundlegenden Erforschung und Entwicklung innovativer Fließpressöle auseinandersetzen und die chemischen Prozessabläufe zielorientiert auf die prozessseitigen tribologischen Anforderungen abstimmen. Eine Ausnahme ist hier die Arbeit von Maßmann, der die Wirkungsweise unterschiedlicher Additive erforschte und Modellvorstellung über die Interaktion der Additive mit einer Oberfläche ableitet [Maßm07].

Fazit: Additivierte, mineralölbasierte Fließpressöle sind heute Stand der Technik in der Kaltmassivumformung. In Kombination mit einer Zinkphosphatierung als Konversionsschicht auf dem Halbzeug bilden sie einen leistungsfähigen Zwischenstoff im tribologischen Kontakt zwischen Werkzeug und Werkstück, so dass diese Prozesse überhaupt erst wirtschaftlich betrieben werden können. Sowohl das mineralölbasierte Grundöl als auch die Additive, die hier zur Anwendung kommen, sind in vielen Fällen als ökologisch bedenklich einzustufen. In diesem Zusammenhang muss in den kommenden Jahren damit gerechnet werden, dass gesetzliche Vorschriften der europäischen REACH Verordnung den Einsatz tribologisch wirksamer Additive wie Chlor oder Phosphor vollständig verbieten. Hier besteht Handlungsbedarf zur Erforschung alternativer Schmierstoffe, die auf die Anforderungen der zinkphosphatfreien Kaltmassivumformung abgestimmt sind.

2.4 Fazit zum Stand der Technik

Die Prozesse der Kaltmassivumformung sind aus heutiger Sicht sehr wirtschaftliche Verfahren zur Herstellung anspruchsvoller Bauteile für den Automobil- und Maschinenbausektor. Komplexe Bauteilgeometrien und die Verarbeitung höherfester Stahlqualitäten stellen durch hohe mechanische Belastungen der Umformwerkzeuge besondere Anforderungen an das tribologische System in der Kaltmassivumformung. Zur Reduktion der Prozessreibung und des Verschleißes an den Werkzeugaktivelementen werden daher auch heute noch sogenannte Trennschicht-Schmierstoff-Systeme verwendet, die mit Konversionsschichten in Form von Zinkphosphatierungen und Seifen auf den Halbzeugen sowie zusätzlich additivierten Schmierstoffen auf Mineralölbasis arbeiten. Aus ökonomischer Sicht ist das Zinkphosphatieren aufgrund eines hohen Energie- und Materialverbrauchs bei der Applikation der Schicht auf das Halbzeug und beim Reinigen der Bauteile nach dem Umformprozess ein Kostentreiber in der Prozesskette der Kaltmassivumformung. Darüber hinaus werden einige beim Zinkphosphatieren verwendete Stoffe und die im Prozess entstehenden Abfälle als ökologisch bedenklich eingestuft. Dies motiviert die Suche nach technologischen Alternativen für die Zinkphosphatierung.

Viele Ansätze stützen sich auf eine Optimierung der Eigenschaften der Konversionsschichten selber z.B. durch eine Senkung der Toxizität der chemischen Bäder durch Reduktion des Schwermetallgehalts und durch die Applikation der Beschichtung bei niedrigeren Temperaturen. Aufbereitungsverfahren zur Schmierstoffaufbereitung und Nachadditivierung reduzieren die Stoffmengen, die aufwendig und kostenintensiv entsorgt werden müssen. In einigen Fällen konnte gezeigt werden, dass Kugelstrahlprozesse eine Zinkphosphatierung ersetzen können, bei denen sich eine auf Stahlkugeln befindliche Eisen-Zink-Schicht auf die Werkstückoberfläche überträgt. Andere Arbeiten fokussieren auf die Entwicklung von Hartstoffbeschichtungen zum Schutz der hochbelasteten Umformwerkzeuge. Darüber hinaus gibt es einige wenige Forschungsarbeiten, die alternative Fließpressöle vorschlagen, um dem hohen Verschleißangriff auf die Umformwerkzeuge in der Kaltmassivumformung zu begegnen.

Zusammenfassend kann festgehalten werden, dass sicherlich viele der oben genannten Forschungsarbeiten einen wesentlichen Beitrag zur Substitution von Konversionsschichten geleistet haben. Ein alternatives System zur industriellen Fertigung von anspruchsvollen Bauteilen in der Kaltmassivumformung ohne Konversionsschicht auf dem Halbzeug ist bisher jedoch industriell noch nicht umgesetzt. Ein wesentlicher Punkt hierbei ist sicherlich, dass eine ökologische Optimierung eines umformtechnischen Systems nur dann auch industriell erfolgreich sein kann, wenn die wirtschaftlichen Rahmenbedingungen des alternativen Produktionsansatzes zielführend sind. Viele der genannten Ansätze bleiben diesbezüglich hinter den Erwartungen zurück und sind für eine Anwendung in der industriellen Praxis nicht zielführend.

3 Problemstellung, Zielsetzung und Vorgehensweise

Problem, objective and approach

Neue Modelle braucht die Tribologie

Georg Peter Ostermeyer

Die hohe Leistungsfähigkeit tribologischer Systeme für anspruchsvolle Kaltmassivumformprozesse wird nach Stand der Technik über eine reibungs- und verschleißreduzierende Zinkphosphatbeschichtung auf der Halbzeugoberfläche in Kombination mit additivierten Schmierstoffen realisiert. Sowohl das Aufbringen als auch das Reinigen der Bauteile von der Zinkphosphatschicht nach dem Umformprozess erfordern einen hohen energetischen Aufwand, der die generell hohe Wirtschaftlichkeit von Kaltmassivumformprozessen reduziert. Zusätzlich fallen beim Phosphatieren und späteren Reinigen ökologisch bedenkliche Stoffe an, die kostenintensiv entsorgt werden müssen. Daher gelten entsprechende Konversionsschichten als ökonomisch ineffizient. Die Forderung nach einer adäquaten Substitution dieser Produkte liegt damit auf der Hand. Ein trivialer Verzicht auf die Zinkphosphatierung führt zwangsläufig zu einer extremen Reibung im Kontakt zwischen Werkzeug und Werkstück sowie zu einem massiven Werkzeugverschleiß, der sich negativ auf den Umformprozess auswirkt. Der Stand der Technik zeigt, dass in einigen Forschungsarbeiten bereits Vorschläge für tribologische Alternativen diskutiert wurden, diese jedoch bis heute keinen adäquaten Ersatz für das konventionelle System bieten, da Reibung und Verschleiß im Umformprozess nicht auf ein erträgliches Maß gesenkt werden konnten. Dies ist häufig dem Umstand geschuldet, dass lediglich einzelne Komponenten eines Tribosystems zur Substitution von Zinkphosphatschichten verändert wurden, diese dann aber nicht explizit auf die übrigen Reibpartner in der Wirkfuge abgestimmt sind.

Dieser Forschungsarbeit liegt daher die Hypothese zugrunde, dass eine gezielte tribologische Auslegung und Abstimmung der Tribopartner Werkstückoberfläche, Werkzeugoberfläche und Schmierstoff eine zinkphosphatfreie Kaltmassivumformung unter industriellen Bedingungen Sicht ermöglicht. Das Ziel dieser Arbeit liegt daher in der technologischen Gestaltung und Abstimmung der tribologischen Wirkflächen des umzuformenden Halbzeugs, des Werkzeugs und des Schmierstoffs als Zwischenmedium. Die Beeinflussung der Prozessreibung erfolgt dabei durch ein mechanisches Strahlen der Halbzeugoberfläche. Die hierdurch erzeugte mikroskopische Oberflächenstruktur auf dem Halbzeug kann in Interaktion mit einem flüssigen Schmierstoff hydrostatische Druckpolster im Kontakt mit dem Werkzeug ausbilden und somit die Reibung maßgeblich senken. Ein mechanischer Kontakt zwischen Werkzeug und Werkstück kann hierdurch allerdings nicht vollständig unterbunden werden. Den lokalen hohen mechanischen Belastungen auf die Werkzeugoberfläche und dem hieraus resultierenden Verschleißangriff, wird in Form einer Hartstoffbeschichtung auf PVD-Basis auf der Werkzeugoberfläche begegnet. Als flüssiges Schmiermedium erfolgt die Entwicklung eines gut abbaubaren Esterschmierstoffs, der sowohl mit der chemisch aktiven Stahloberfläche des Halbzeugs als auch mit der relativ inerten Hartstoffschicht interagieren muss, um die Prozessreibung und den Verschleiß auf ein zielführendes Niveau zu senken.

Zur Zielerreichung werden in Kapitel 5 zunächst experimentelle Untersuchungen im Analogieprozess zum Ringstauchen durchgeführt, um das Potenzial von mikroskopischen Halbzeugstrukturen zur Reduktion der Prozessreibung in der Kaltmassivumformung zu erforschen. Die Mikrostrukturen werden durch mechanische Strahlverfahren auf der Halbzeugoberfläche erzeugt und weisen in Abhängigkeit von den Strahlparametern unterschiedliche Topographien auf, die in Interaktion mit dem Schmierstoff in der Wirkfuge lokal hydrostatische Druckpolster ausbilden können. In experimentellen Stauchversuchen soll nun eruiert werden, ob ein Zusammenhang zwischen den unterschiedlichen Oberflächentopografien und der Reibung im Prozess hergestellt werden kann. Ein Erklärungsmodell über die Wirkungsweise einer gestrahlten Oberflächentopografie auf die Prozessreibung wird anschließend mit Hilfe einer dreidimensionalen Finite-Elemente-Simulation entwickelt, welche die strukturmechanischen und fluiddynamischen Effekte in der Wirkfuge der Kaltmassivumformung abbildet. Durch die numerische Simulation kann die Interaktion zwischen mikroskopischer Oberflächenstruktur und dem Schmierstoff in der Wirkfuge während der Oberflächeneinglättung im Kontakt mit dem Werkzeug analysiert und auf Basis der vorherrschenden Spannungs- und Dehnungszustände können physikalische Wirkmechanismen abgeleitet werden.

In Kapitel 6 erfolgt die Entwicklung einer Werkzeugbeschichtung auf Basis eines PVD-Prozesses zur Reduktion des Werkzeugverschleißes. In Parameterstudien werden hierzu stöchiometrisch unterschiedliche Schichtsysteme abgeschieden und die erzielten mechanischen Schichteigenschaften in Abhängigkeit von den Beschichtungsparametern erklärt. Die gewonnenen Erkenntnisse ermöglichen anschließend die Wahl von zielführenden Beschichtungsparametern zum Abscheiden einer PVD-Schicht, die den hohen mechanischen Anforderungen in der Kaltmassivumformung ohne Konversionsschicht auf dem Halbzeug genügt.

Die Substitution der Zinkphosphatschicht auf dem Halbzeug und die Applikation einer keramischen PVD-Schicht auf dem Werkzeug bedeuten einen tiefen Eingriff in das tribologische System der Kaltmassivumformung, insbesondere für den Schmierstoff. Konventionelle, mineralölbasierte Fließpressöle, die auf eine Kontaktpaarung Stahl-Stahl optimiert sind, sind dabei sowohl aus ökologischer Sicht als auch in ihrer Leistungsfähigkeit zur Reduktion des Werkzeugverschleißes nicht mehr sinnvoll einsetzbar. Als Schmierstoffalternative werden daher in Kapitel 7 Esterschmierstoffe analysiert, die sowohl mit der chemisch aktiven Stahloberfläche des Halbzeugs als auch mit der inerten Oberfläche der PVD-Werkzeugbeschichtung interagieren sollen, um die Reibung und den Verschleiß im Prozess

auf ein möglichst geringes Niveau zu senken. In experimentellen Versuchsreihen auf einer Brugger-Maschine werden hierzu chemisch unterschiedliche Esterschmierstoffe im Kontakt zwischen inerten und aktiven Oberflächen analysiert. Anhand einer Verschleißanalyse werden anschließend die chemischen Wirkmechanismen diskutiert, die den Verschleißschutz des Schmierstoffs zwischen den unterschiedlich gearteten Werkstoffen erklären. Aus dem gewonnenen Wissen werden abschließend gezielt ökologisch unbedenkliche Schmierstoffkompositionen entwickelt.
In den Kapiteln 8 und 9 erfolgt die finale Verifikation der Forschungshypothese durch die Anwendung des entwickelten Tribosystems für die zinkphosphatfreie Kaltmassivumformung; sowohl in experimentellen Analogieversuchen als auch im industriellen Feldversuch.

4 Methoden und Versuchsrandbedingungen

Methods and experimental conditions

Ein wesentlicher Teil dieser Arbeit fokussiert auf die Erforschung der tribologischen Interaktion zwischen einer PVD-Werkzeugbeschichtung, einem Esterschmierstoff und einer mechanisch strukturierten Halbzeugoberfläche im Umformsystem „Kaltmassivumformung“ mit dem Ziel, Zinkphosphatschichten auf Halbzeugen sowie hochadditivierte Schmierstoffe als tribologische Enabler zu substituieren. Das Zusammenspiel von Werkzeugbeschichtung, Schmierstoff und Halbzeugoberfläche soll zunächst aus theoretischen und numerischen Betrachtungen abgeleitet und anhand experimenteller Untersuchungen verifiziert werden. In diesem Kapitel werden die eingesetzten Werkstoffe und die Grundlagen für die numerischen und experimentellen Analyse- und Auswertungsmethoden vorgestellt.

4.1 Werkstoffauswahl und -definition

Die Auswahl der Werkstoffe für die in dieser Arbeit durchgeführten numerischen und experimentellen Untersuchungen orientiert sich eng an industrieüblichen Randbedingungen und Prozessparametern der Kaltmassivumformung. Als Werkstückwerkstoff wird in allen Versuchsreihen der industriell weit verbreitete Einsatzstahl 16MnCrS5 (1.7131) verwendet. Der Werkstoff liegt in normalisierter Form vor und hat eine Streckgrenze von ca. $R_{p0.2} = 370$ MPa und eine Zugfestigkeit von $R_m = 470$ MPa. Als Werkzeugwerkstoff (Grundkörper) für alle experimentell durchgeführten Versuchsreihen wird ein Schnellarbeitsstahl vom Typ HS-PM 10-2-5-8 verwendet, der von der Fa. Böhler unter der kommerziellen Bezeichnung Böhler S390mc vertrieben wird. Alle Versuchskörper und Testwerkzeuge wurden für die experimentellen Versuchsreihen auf 60 (±2 HRC) vergütet, einer maschinellen Polierbearbeitung mittels Bürstpolieren unterzogen (siehe Kapitel 6.3) und anschließend mittels PVD-Verfahren beschichtet. Die chemische Zusammensetzung der beiden Stahlwerkstoffe ist in Tabelle 4.1 aufgeführt.

Tabelle 4.1: Chemische Zusammensetzung der betrachteten Werkstoffe
Chemical composition of the considered materials

	Fe	C	Cr	W	Mo	V	Co	Mn	Si
16MnCrS5	97,45	0,16	1,00	-	-	-	-	1,10	0,29
S390mc	67,50	1,60	4,80	10,50	2,00	5,00	8,00	0,30	0,30

4.2 Tribometrische Versuchsmethoden

In dieser Arbeit kommen unterschiedliche tribometrische Testmethoden zum Einsatz, die sowohl zur Ermittlung von Reibwerten als auch zur Analyse von Verschleiß im Kontakt zwischen Werkzeug und Werkstück herangezogen werden. Eine Vielzahl an Reibwert-Erfassungsmethoden lassen sich in die zwei Gruppen direkte und indirekte Messung einteilen [Kloc06], [Li96]. Bei der indirekten Messung wird die Veränderung einer abgeleiteten Messgröße verwendet, um den Reibwert zu bestimmen. Der sich ergebende Reibwert wird über die gesamte Umformzone gemittelt und daher auch als globaler Reibwert bezeichnet. Eingesetzt wird diese Methode vor allem bei der Schmierstoffprüfung. Die direkte Messung erlaubt Aussagen über den örtlichen Reibzustand. Tangential- und Normal-Spannungen in der Wirkfuge werden durch geeignete Messanordnungen direkt gemessen. Der daraus berechnete Reibwert wird lokaler Reibwert genannt [Li96].

4.2.1 Ringstauchversuch

Die indirekte Messung der Reibung mittels Ringstauchversuch ist nach DIN 50322 ein Analogieversuch unter Laborbedingungen mit Probenkörpern, basierend auf dem Stauchverfahren [Deut86]. Dabei wird eine kreisringförmige Probe zwischen zwei planparallelen Stauchplatten gestaucht. Die Ausgangsgeometrie ist definiert über Außendurchmesser $\mathrm{D_0}$ zu Innendurchmesser $\mathrm{d_0}$ zu Höhe $\mathrm{h_0}$ nach Formel 4.1 wie folgt [Doeg10]:

$$D_0 : d_0 : h_0 = 6 : 3 : 2 \tag{4.1}$$

Im reibungsfreien Fall werden beim Stauchen alle Durchmesser proportional zu ihrem Abstand von der Mitte größer. Sobald jedoch an der Pressfläche im Kontakt zwischen Werkzeug und Stauchring Reibung entsteht, setzt diese der Ausdehnung der Probe einen Widerstand entgegen und verändert das Verhältnis der Durchmesser während der Umformung zueinander. Der Innendurchmesser der Probe reagiert besonders empfindlich auf unterschiedliche Reibverhältnisse. Bei hoher Reibung verkleinert sich der Innendurchmesser während der Außendurchmesser sich vergrößert. Die sogenannte Fließscheide trennt die beiden Gebiete unterschiedlichen Werkstoffflusses voneinander. Verringern sich die Reibwerte, so wandert die Fließscheide nach innen und in diesen Fällen wird auch der Innendurchmesser größer [Baou09]. In Abbildung 4.1 sind die Ausgangsform sowie die Endgeometrien von Ringproben bei verschiedenen Reibzuständen zwischen Werkzeug und Werkstück exemplarisch dargestellt.

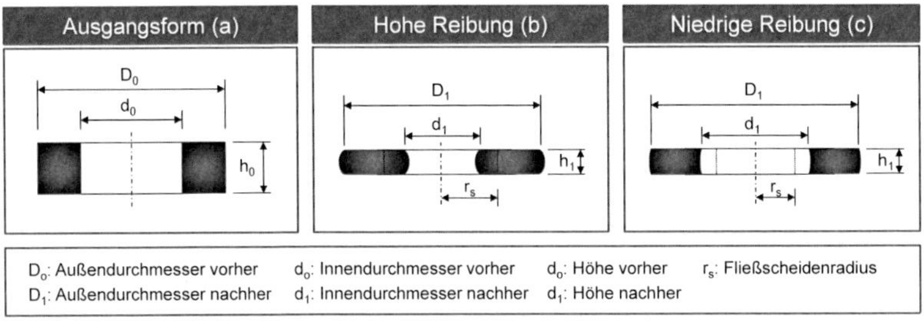

Abbildung 4.1: Probengeometrie im Ringstauchversuch vor Versuchsdurchführung (a) und nach Versuchsdurchführung bei hoher (b) und bei niedriger (c) Prozessreibung

Sample geometry in the ring compression test before experimental procedure (a) and after test at high (b) and lower (c) friction

Die in der Kontaktfläche herrschenden Reibschubspannungen bewirken grundsätzlich eine Ausbauchung der freien äußeren Mantelfläche des Rings, wohingegen sich die innere Mantelfläche - in Abhängigkeit vom Werkstofffluss - entweder nach innen oder außen ausbaucht. Zur Auswertung der Versuche und zur Bestimmung der Kontaktreibung in Abhängigkeit von der Probengeometrie nach dem Stauchvorgang kommen Nomogramme zum Einsatz (siehe Abbildung 4.2).

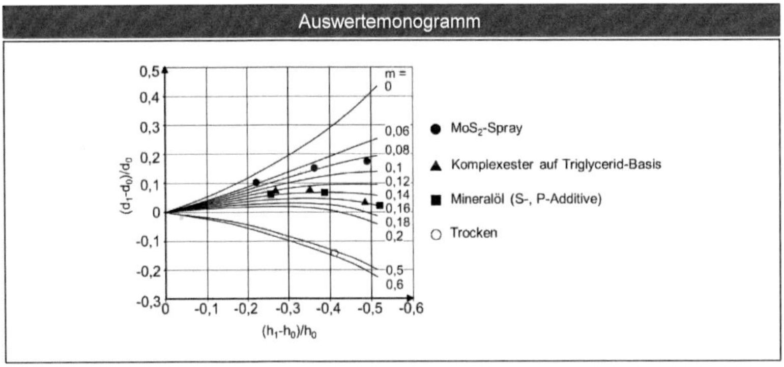

Abbildung 4.2: Mittels FEM-Simulation berechnetes Auswertenomogramm für den Reibfaktor m bei unterschiedlichen Schmierungszuständen

Nomogram calculated using FEM simulation for the friction factor m for different lubrication conditions

Da der Innendurchmesser der Ringproben je nach Wirkflächenreibung sowohl abnehmen als auch zunehmen und somit eine größere relative Änderung erfahren kann als der Außendurchmesser, wird in der Regel die Änderung des Innendurchmessers als Berechnungsgrundlage zur Bestimmung der Wirkflächenreibung herangezogen [Mess98]. Für die Ermittlung des Reibfaktors m sind die Differenzen von Innendurchmesser bzw. Höhen nach und vor dem Stauchen bezogen auf den Ausgangsinnendurchmesser bzw. die Ausgangshöhe zu bestimmen und anhand der Graphen im Nomogramm die Reibung zu ermitteln. Aufbauend auf den Standardparametern für den Ringstauchversuch erforschten Tan et al. in ihren Arbeiten den Einfluss unterschiedlicher Ringgeometrien auf die Reibung [Tan98]. Der Ringstauchversuch ist durch seine einfache und flexible Handhabung der am weitesten verbreitete Versuch zur Ermittlung von Reibungszahlen und findet daher auch im Rahmen dieser Arbeit Anwendung bei der Ermittlung des Einflusses mechanisch gestrahlter Oberflächen auf die Reibung in der Kaltmassivumformung.

4.2.2 Schmierstoffprüfgerät nach Brugger

Das Schmierstoffprüfgerät nach Brugger wurde durch Brugger und Neumann während ihrer experimentellen, praxisbezogenen Forschungsarbeiten zum Einfluss von Schmierstoffen in unterschiedlichen Tribosystemen entwickelt. Dieser vom Aufbau her relativ einfache tribometrische Test ermöglicht Analysen und Aussagen über die Belastbarkeit eines Schmierfilms in unterschiedlichen Reibungszuständen. Im Wesentlichen werden Misch- und Grenzreibungsphänomene untersucht. Die Prüfung in Mischreibungsgebieten mit dem Schmierstoffprüfgerät nach Brugger ist in DIN 51347-1 festgelegt [Deut01].

Versuchsaufbau und -durchführung

Der einfache Aufbau des Brugger-Prüfstands basiert auf zwei rotationssymmetrischen metallischen Prüfkörpern, die in axialer Richtung um 90° zueinander versetzt sind (siehe Abbildung 4.3). Als unterer Prüfkörper kommt ein Ring mit einem Außendurchmesser von $D_{BA} = 25$ mm zum Einsatz. Über eine angetriebene Welle wird der Prüfkörper während des Versuchsablaufs in Rotation versetzt. Die genormte Prüfdrehzahl n beträgt im Standardversuch 960 min^{-1} $\pm 5\%$. Diese kann unter Last (im Reibkontakt mit dem oberen Prüfkörper) bis auf maximal 860 min^{-1} sinken. Der obere Prüfkörper ist ein Zylinder mit 18 mm Durchmesser. Er ist in einem drehbaren Halter fixiert und somit starr gegen den unteren Prüfkörper gelagert. Durch eine Gewichtskraft auf den oberen Prüfkörper wird dieser gegen den unteren, rotierenden Reibpartner gedrückt. Sowohl die Kontaktkraft vom oberen auf den unteren Prüfkörper als auch die Gleitgeschwindigkeit unterliegen einer der oben genannten Norm, um die Ergebnisse grundlegend vergleichbar zu machen.
Die rotierende Welle des Prüfringes sowie die Drehpunkte der Hebel zur Fixierung des Prüfzylinders sind durch Wälzlager realisiert. Zu Versuchsbeginn wird das zu analysierende Schmiermedium auf dem Prüfzylinder appliziert und der Prüfzylinder mit einer definierten Kraft $F_{BN} = 400$ N gegen den Prüfring gedrückt. Dieser wird anschließend unter Last in

Rotation versetzt. Ein Versuch dauert jeweils 30 Sekunden.

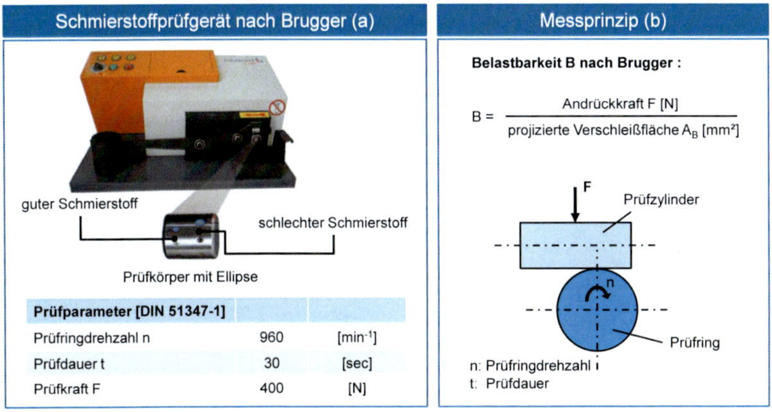

Abbildung 4.3: Schema und Aufbau einer Brugger-Prüfmaschine

Scheme and build up of a Brugger test rig

Je nach Schmierstoffeigenschaft erzeugt der rotierende Prüfring eine unterschiedlich große Verschleißfläche auf dem feststehenden Prüfzylinder, die die Form einer Ellipse hat. Mit einem Lichtmikroskop erfolgen nach dem Versuch die geometrische Vermessung der Ellipsenachsen und die Berechnung der Verschleißfläche A_B. Der Quotient aus Anpresskraft und projizierter Verschleißfläche wird als Belastbarkeit B des Schmierstoffs nach Brugger B (MPa) angegeben:

$$\text{B} = \frac{\text{Andrückkraft } F_N \ [N]}{\text{projizierte Verschleißfläche } A_B \ [mm^2]} \tag{4.2}$$

Je größer der Wert B, desto höher die Belastbarkeit des Schmierstoffs im Rahmen der untersuchten Bedingungen.

Versuchsvoraussetzungen und Aussagefähigkeit der Ergebnisse

Zur Gewährleistung reproduzierbarer Versuchsergebnisse ist es bei diesem tribometrischen Versuchsprüfstand von essenzieller Bedeutung vergleichbare Ausgangsbedingungen und Versuchsrandbedingungen zu schaffen. Zum einen müssen sowohl der Prüfring (dieser wird normalerweise für mehrere Versuchsreihen verwendet) als auch der Prüfzylinder (dieser wird in mehreren Versuchsreihen an unterschiedlichen Stellen belastet) nach jedem

Versuch einer gründlichen Reinigung unterzogen werden, um die Ergebnisse der folgenden Versuchsreihen nicht durch Restschmierstoffe auf der Oberfläche zu beeinflussen. Die zu untersuchenden Oberflächen im Kontakt dürfen darüber hinaus keine sichtbaren Defekte, Ablagerungen oder Rückstände aus vorherigen Versuchen aufweisen. Ebenso ist zu gewährleisten, dass bei mehrfachem Einsatz des Prüfrings der minimale Ringdurchmesser von $D_{BA} = 24{,}5$ mm nicht unterschritten wird, da sich hierdurch die Kontakt- und Eingriffsbedingungen verändern und das Verschleißergebnis beeinflussen können. Werden die oben genannten Rahmenbedingungen zur Durchführung eines Tests auf dem Prüfgerät nach Brugger eingehalten, kann diesem tribometrischen Test eine hohe Reproduzierbarkeit der Ergebnisse attestiert werden. Typische maximale Streuungen liegen im Rahmen von $\pm 10\%$ der Messwerte. Sowohl hier als auch bei allen weiteren tribometrischen Analysen empfiehlt sich eine drei- bis fünfmalige Wiederholung der Versuchsreihe zur statistischen Absicherung der gewonnenen Erkenntnisse.

4.2.3 Modellversuch Stift-Scheibe-Tribometer

Die komplexen tribologischen Lasten, die den Kontakt in der Wirkfuge zwischen Werkzeug und Werkstück bei der Kaltmassivumformung bestimmen, sind anhand von realen Umformprozessen kaum zu erforschen. Eine Veränderungen und Analyse der wesentlichen Einflussgrößen auf die tribologischen Randbedingungen wie z.B. die herrschenden Kontaktnormalspannungen in der Wirkfuge, die Reibgeschwindigkeiten oder die geometrischen Kontaktbedingungen, sind in den meisten Fällen gar nicht oder nur unter hohen wirtschaftlichen und zeitlichen Aufwänden abzubilden. [Raed02] Um dennoch eine effiziente Analyse des tribologischen Systems in der Kaltmassivumformung vornehmen zu können sowie den Einfluss der wesentlichen Prozessparameter auf die Reibung und den Verschleiß zu erforschen, bietet der tribometrische Versuch nach dem Stift-Scheibe-Prinzip eine sehr gute Randbedingungen. Das tribologische System im Realprozess wird in einen weniger komplexen und elementaren Grundvorgang überführt, der als tribologischer Modellversuch (oft auch als Analogieversuch bezeichnet) verstanden werden kann [Raed02]. Das tribometrische Experiment in Form des Stift-Scheibe-Tribometers bedarf einer umfassenden Erfahrung zur Analyse und Interpretation der Ergebnisse. Die reduzierten Versuchsaufwände im Vergleich zum Realversuch ermöglichen jedoch in den meisten Fällen eine mehrmalige Wiederholung unter gleichen Randbedingungen zur statistischen Absicherung der Ergebnisse und erhöhen somit deutlich die Aussagefähigkeit dieses Modellversuchs.

Grundlagen

Der in der Umformtechnik sehr häufig verwendete Prüfstand zur direkten Messung der Reibung ist das Stift-Scheibe-Tribometer, das in einer breiten Variantenvielfalt zur Anwendung kommt [Kana06]. Raedt entwickelte in seiner Forschungsarbeit ein Stift-Scheibe-Tribometer mit plastischer Gegenkörperverformung (Schwerlast-Stift-Scheibe-Tribometer) mit der Zielsetzung, die tribologischen Bedingungen der Kaltmassivumformung möglichst gut nachbilden zu können. Der Prüfstand kann entsprechend den Richtlinien der Gesellschaft für Tribologie e. V. in die Verschleißprüfungskategorie VI eingeordnet werden: Der komplexe tribologische Fall der Kaltumformung (Kategorie I) wird in einen einfachen, elementaren Grundvorgang überführt [Gese02].

Prinzip

Ein zylindrischer Stift mit balliger Stirnfläche, der das Werkzeug repräsentiert, reibt gegen eine rotierende Scheibe. Die Scheibe fungiert als tribologischer Gegenkörper bzw. als Werkstückwerkstoff (siehe Abbildung 4.4).

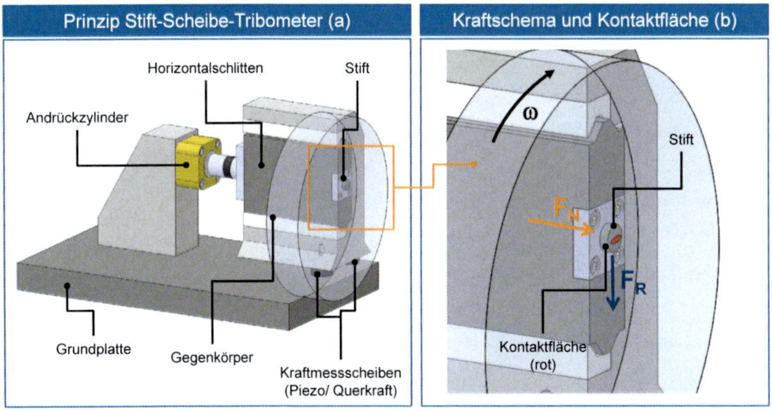

Abbildung 4.4: Schwerlast-Stift-Scheibe-Tribometer mit plastischer Gegenkörperdeformation (a) [Raed02] und Kraftschema im Reibkontakt (b)

Heavy-duty pin-on-disk tribometer with plastic counter body deformation (a) and frictional force scheme in friction contact (b)

Flüssige Schmierstoffe mit kinematischen Viskositäten zwischen 1 und 350 cSt können über ein Minimalmengenschmiergerät der Firma Steidle (Lubrimat L20) in den Kontakt zwischen Grund- und Gegenkörper appliziert werden. Um eine hohe Übertragbarkeit der Ergebnisse zwischen Modellversuch und der realen Anwendung zu gewährleisten, ist es sinnvoll, die tribologischen Bedingungen der Umformverfahren möglichst genau nachzubilden. Dies wird durch die Wahl der Werkstoffe und Wärmebehandlungszustände sowie durch die Geometrie der Versuchsproben und die Prozessparameter des Modellversuchs erzielt (siehe auch Kapitel 4.1). Die oben dargestellte geometrische Konfiguration führt in Kombination mit der hohen Anpresskraft F_N von bis zu 40 kN zu einer maximalen Kontaktnormalspannung in der Umformzone von bis zu $\sigma_{N,max} = 2000$ MPa zwischen den

Reibpartnern [Maßm07],[Raed02]. Dieser Prüfstand erzeugt daher eine Kontaktspannung, die wesentlich größer ist als bei vielen konventionellen Tribometern, mit denen Schmierstoffe und Beschichtungen für die Umformtechnik getestet werden [Schu00]. Daraus resultiert eine starke plastische Verformung des Gegenkörpers, die sich in der Ausbildung einer Furche am Gegenkörper äußert (siehe Abbildung 4.5 (b)).

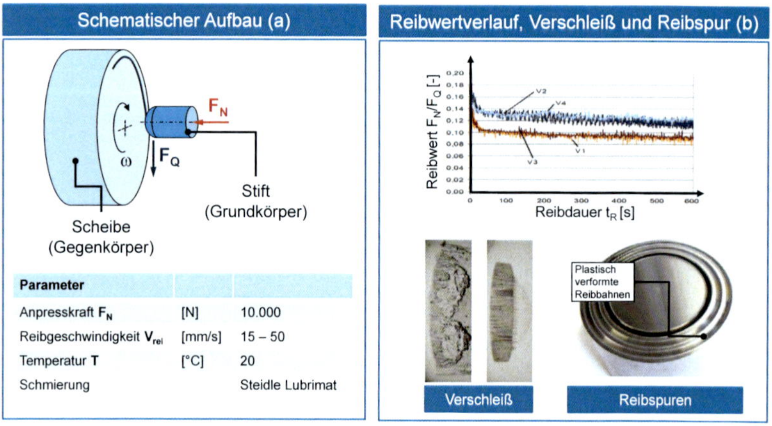

Abbildung 4.5: Stift-Scheibe Schema (a) sowie typischer Reibwertverlauf, Kontaktflächenverschleiß am Reibstift und Reibspur am Gegenkörper (b)

Pin-on-disk scheme (a) and typical friction value over time, surface wear on the pin and wear track on the counter body (b)

Zusätzlich können die Relativgeschwindigkeiten von unter 1 mm/s bis zu mehreren 100 mm/s variiert werden, was ebenfalls die Randbedingungen einer realen Umformung in der Kaltmassivumformung sehr gut widerspiegelt.

Analyseergebnisse

Ein typisches Versuchsergebnis am Tribometer ist in Abbildung 4.5 (b) dargestellt. Als Messergebnis steht der Verlauf des Quotienten aus Querkraft F_Q und Normkraft F_N in Form des Reibwerts zur Verfügung. Dieser Quotient darf nicht als Reibwert im Coulomb'schen Sinne interpretiert werden, da durch die Umformung am Gegenkörper eine Umformarbeit geleistet wird, die in die Kraftmessung der Querkraft F_Q eingeht. Dennoch konnte bereits in vielen Untersuchungen gezeigt werden, dass eine gute Reproduzierbarkeit und Vergleichbarkeit der Ergebnisse untereinander gewährleistet werden kann [Raed02], [Bobz04], [Murr10]. Darüber hinaus können nach Versuchsende die Verschleißerscheinungen am Reibstift analysiert werden. Hierzu werden sowohl gravimetrische Messungen zur Bestimmung der Gewichtsab- oder zunahme (Abrasion oder Adhäsion) am Reibstift als auch optische Methoden angewendet, die eine qualitative Auswertung des Verschleißzustandes in Form von REM- oder lichtmikroskopischen Aufnahmen im Bereich der Kontaktfläche ermöglichen (siehe Abbildung 4.5 (b)).

Nachteile des Schwerlast-Prinzips

Das konventionelle Prinzip des Stift-Scheibe-Tribometer hat den wesentlicher Nachteil, dass der Stift jeweils nach einer Umdrehung der Scheibe wieder in die gleiche Reibbahn auf der Scheibe läuft und somit in Kontakt mit bereits umgeformtem Gegenkörperwerkstoff tritt. Kann dieses Konzept für die Analyse von Verschleißmechanismen am Reibstift noch zielführend sein, muss bei der direkten Messung der Reibung der fehlende Einfluss der mikroskopischen Gegenkörpertopografie auf das Messergebnis als ein hoher Abstraktionsgrad des Modells interpretiert werden, der zielführende Rückschlüsse auf den realen Einsatzfall nur eingeschränkt zulässt [Stah11]. Soll der Einfluss der mikroskopischen Halbzeugtopografie auf den Reibwert und den Verschleiß am Werkzeug betrachtet werden, muss das konventionelle Konzept des Schwerlast-Stift-Scheibe-Tribometers erweitert werden. Eine konzeptionelle Erweiterung wird in dieser Arbeit in Kapitel 8 vorgestellt und umfassend erprobt.

5 Modellierung der Kontaktverhältnisse in der Wirkfuge

Modeling of contact conditions

In einigen wenigen Forschungsarbeiten zur Kaltmassivumformung wurde bereits der Effekt von mikroskopischen Halbzeugstrukturen auf den Werkstofffluss und den Reibwert im Umformprozess gezeigt. Allerdings ist die Wirkungsweise der Rauheit auf der Halbzeugoberfläche, insbesondere die Interaktion zwischen der Rauheit und dem Schmierstoff während der Umformung, nicht explizit untersucht und erklärt worden. Als Problem gilt hierbei, dass sich die tribologischen Abläufe in der Wirkfuge der Beobachtung im Experiment aufgrund der Abgeschlossenheit im System einer direkten Analyse entziehen. Insbesondere die Abläufe auf mikroskopischer Ebene können anhand experimenteller Methoden nur indirekt analysiert werden. Eine Möglichkeit zur Erforschung dieser Vorgänge bietet die numerische Modellierung mittels der FEM. Ein diesbezüglicher Modellansatz wird in diesem Kapitel vorgestellt.

Das Ziel der Arbeiten in diesem Kapitel ist zum einen die Entwicklung eines dreidimensionalen FE-Modells zur Modellierung von gestrahlten mikroskopischen Oberflächenstrukturen auf dem Halbzeug und zum anderen die Analyse der mikroskopischen Wechselwirkungen zwischen der strukturierten Halbzeugoberfläche und dem Werkzeug während der Umformung anhand des entwickelten FE-Modells. Zur Parametrisierung und Verifizierung des FE-Modells wurde zunächst in experimentellen Vorversuchen der Einfluss unterschiedlicher Oberflächenstrukturen der Halbzeuge auf die Reibverhältnisse im Realversuch mittels des Ringstauchversuchs erforscht. Dazu wurden die Oberflächen von Ringstauchproben durch mechanische Strahlverfahren strukturiert und der Einfluss der Strahlparameter respektive der daraus resultierenden mikroskopischen Oberflächenstruktur auf die Reibung im Stauchversuch analysiert.

Im Anschluss erfolgt die Beschreibung des FE-Modells sowie der wesentlichen Eingangsparameter zur numerischen Modellierung einer realen Struktur in Interaktion mit einem Schmierstoff und dem Werkzeugkontakt während der Umformung. Dazu werden die durch das mechanische Strahlen erzeugten, mikroskopischen Oberflächenstrukturen der Ringstauchproben mittels Streifenlichtprojektion optisch vermessen, digitalisiert und mit einer CAD-Software weiterverarbeitet. Das Ergebnis ist ein CAD-Volumenkörper mit realer Oberflächenstruktur. Mithilfe dieses CAD-Modells wird ein FE-Simulationsmodell zur Analyse der tribologischen Abläufe im Kontaktbereich Werkstück-Werkzeug in der Kaltmassivumformung erstellt. Hierzu wird die kommerzielle FE-Software Abaqus der Firma Dassault Systèmes Simulia in der Version 6.10 verwendet. Ergebnis dieses Arbeitsschrittes ist ein strukturmechanisches Simulationsmodell einer realen Halbzeugoberfläche, welches zur Analyse des Einebnungsverhaltens im Kontakt mit Umformwerkzeugen herangezogen wird. Aufbauend auf diesen Erkenntnissen erfolgt die Erweiterung des strukturmechanischen Modells um die Abbildung eines Schmierstoffs in Form einer Fluid-Struktur-Interaktion. Dies ermöglicht die Analyse des Einebnungsverhaltens unterschiedlicher mikroskopischer Oberflächenstrukturen auf Halbzeugen für die Kaltmassivumformung und deren Wechselwirkungen mit einem Schmierstoff in der Wirkfuge zwischen Werkzeug und Halbzeug. Als besondere Herausforderung für die FE-Simulation ist hierbei der hohe Modellierungs- und Rechenaufwand aufgrund der sehr detaillierten Abbildung der mikroskopischen Oberflächenstrukturen und der Interaktion zwischen strukturmechanischem und fluidmechanischem Modell zu sehen.

5.1 Vorversuche

Um den Einfluss unterschiedlicher, gestrahlter Oberflächenstrukturen auf die Prozessreibung während der Kaltmassivumformung zu analysieren, wurden experimentelle Ringstauchversuche mit mechanisch gestrahlten Proben durchgeführt.

5.1.1 Versuchsaufbau

Die Ringstauchversuche wurden auf einer hydraulischen Versuchspresse der Fa. Müller und Dungs durchgeführt. Zwischen zwei parallelen, polierten und unbeschichteten Stauchplatten wurden die Proben axial von der Ausgangshöhe $h_0 = 10$ mm auf die Endhöhe $h_1 = 5$ mm gestaucht und somit um 50% in der Höhe reduziert. Als Schmierstoff kam ein konventionelles Fließpressöl auf Mineralölbasis mit EP- und AW-Additiven mit einer Viskosität von 100 cSt zur Anwendung. Die Umformpresse wurde weggesteuert mit einer Stempelgeschwindigkeit von $v_{St} = 15$ mm/s verfahren, während die zur Umformung benötigte Stempelkraft F_{St} messtechnisch erfasst und dokumentiert wurde. Zur statistischen Absicherung der Ergebnisse wurde jeder Versuch drei Mal wiederholt.

5.1.2 Probenpräparation durch mechanisches Strahlen

Die Ringstauchproben wurden aus Stangenmaterial 16MnCrS5 (siehe Kapitel 4.1) spanend hergestellt. Für die verwendete Materialcharge wurden zuvor temperatur- und dehnratenabhängige Fließkurven ermittelt, um die entsprechenden Daten in das FE-Modell zu implementieren. Die Proben für die Ringstauchversuche hatten die Abmessungen Außendurchmesser $D_0 = 30$ mm, Innendurchmesser $d_0 = 15$ mm und Höhe $h_0 = 10$ mm. Um den Einfluss verschiedener Oberflächenstrukturen auf die Prozessreibung untersuchen zu können, wurden die Probenoberflächen unterschiedlich präpariert. Dazu kam ein mechanisches Strahlverfahren zum Einsatz, wobei fünf verschiedene Oberflächen durch Variation von Strahldruck und Strahlmittel erzeugt wurden. Als Referenzoberfläche für die Versuchsreihen beim Ringstauchen wurden zusätzlich Referenzproben mittels eines

Bürstpolierverfahrens poliert (siehe Kapitel 6.3). Durch die Gegenüberstellung von polierten zu strukturierten Oberflächen soll der generelle Nachweis über den mikroskopischen Oberflächeneinfluss auf die Reibung gezeigt werden. Tabelle 5.1 gibt einen Überblick über die Strahlparameter, die bei der mechanischen Strukturierung der unterschiedlichen Proben zum Einsatz kamen. Um hier reproduzierbare Oberflächenergebnisse zu erzielen, wurde das Strahlen automatisiert durchgeführt. Durch den Strahlprozess wurden gezielt unterschiedliche mikroskopische Oberflächen hinsichtlich der Oberflächenrauheit eingestellt. Diesbezüglich wurden die Parameter entsprechend Tabelle 5.1 gewählt, wobei Prozess-Nr. 1 eine sehr feinstrukturierte Oberfläche erzeugt (feine Körnung, geringer Strahldruck) und Prozess-Nr. 5 die Oberfläche mit der höchsten Rauheit (grobes Korn, hoher Strahldruck) liefert.

Tabelle 5.1: Strahlparameter zur Strukturierung der Oberflächen
Blasting parameters for structuring the surfaces

Nr	Oberflächenbehandlung	Korn	Druck
0	Bürstpolieren	Diamantkorn (2-4 μm)	
1	Rollier-Strahlen	EK 150	4 bar/ 2 bar
2	Strahlen	EK150	4 bar
3	Strahlen	EK100	4 bar
4	Rollier-Strahlen	EK046/EK205	6 bar/ 2 bar
5	Strahlen	EK046	6 bar

Zur optischen Beurteilung der gestrahlten Oberflächen wurden diese zunächst im REM analysiert (siehe Abbildung 5.1). Die Ergebnisse zeigen die deutlichen Unterschiede zwischen den mikroskopischen Oberflächenstrukturen von sehr fein (Probe-Nr. 1) bis sehr rau (Probe-Nr. 5).

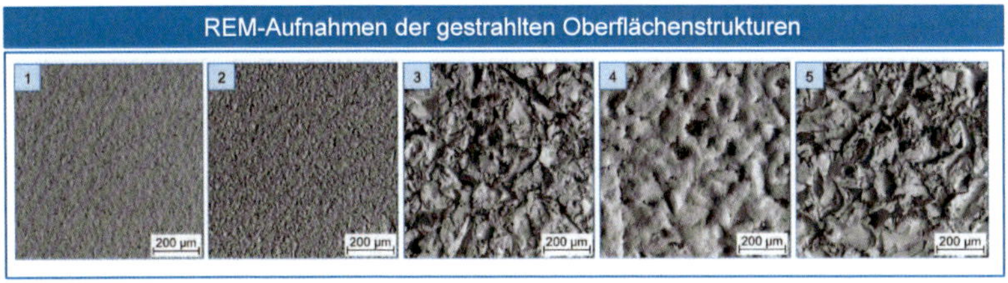

Abbildung 5.1: Gegenüberstellung der gestrahlten Mikrotopografien
Comparison of the blasted microtopography

Insbesondere ist auf den Oberflächen der Proben eins und vier der Effekt des Rollier-Strahlens zu erkennen. Hierbei wir die Oberflächenstruktur nach einem ersten Strahldurchlauf mittels eines nachgelagerten zweiten Prozesses durch eine feinere Körnung geglättet.

Durch dieses Vorgehen soll in den Stauchversuchen analysiert werden, ob eine Einglättung sehr spitzer Strukturen einen Effekt auf die Reibung hat. Die messtechnische Analyse der Proben erfolgte anhand von dreidimensionalen Oberflächenkenngrößen, die mittels hochauflösender Streifenlichtprojektion durch die Messapparatur MikroCADplus der Fa. GFMesstechnik GmbH (GFM Berlin) durchgeführt wurden. Die ermittelten Kennwerte sind Tabelle 5.2 zu entnehmen. Anhand der Kennwerte wird eine Korrelation zwischen den ermittelten dreidimensionalen Oberflächenkennwerten und der Reibung im Ringstauchversuch hergestellt. Mit den präparierten und analysierten Proben erfolgten im Anschluss die Ringstauchversuche.

Tabelle 5.2: Oberflächenkenngrößen der gestrahlten Mikrotopografien
Characteristics of the blasted surface topographies

Nr	$S_q[\mu m]$	$S_{sk}[-]$	$S_{dq}[-]$	$S_k[\mu m]$	$S_{pk}[\mu m]$	$S_{vk}[\mu m]$
0	-8,8	0,45	0,479	3,5	2,4	1,7
1	-10,3	0,36	1,203	4,7	2,7	2,1
2	-17,9	-0,19	1,120	4,6	2,3	2,5
3	-101,5	-0,69	2,613	20,0	9,1	13,3
4	-113,5	-1,56	3,061	18,2	7,8	15,0
5	-139,6	-2,23	5,419	23,7	11,1	21,2

S_q = Quadratischer Mittenrauwert; S_{sk} = Schiefe; S_{dq} = Mittlere quadratische Oberflächensteigung; S_k = Kernrautiefe; S_{pk} = Reduzierte Spitzenhöhe; S_{vk} = Reduzierte Riefentiefe

5.1.3 Versuchsdurchführung und Auswertung

Die Versuchsdurchführung erfolgte anhand der in Kapitel 5.1.1 beschriebenen Vorgehensweise. Alle Proben wurden von der ursprünglichen Höhe h_0 = 10 mm auf die Endhöhe h_1 = 5 mm gestaucht. Die Benetzung der Ringstauchproben mit Schmierstoff erfolgte manuell mittels Tauchschmierung. Nach jedem Versuch wurden die Stauchplatten gereinigt. Nach dem Stauchvorgang erfolgte die Vermessung der Proben. Zur statistischen Absicherung der Ergebnisse wurde jeder Versuch dreimal wiederholt. In den Auswertungen (vgl. Abbildung 5.2) wurden jeweils die arithmetischen Mittelwerte im Diagramm aufgetragen. Die Ergebnisse aus den Probenvermessungen (Innendurchmesser d_1 (a) und Außendurchmesser D_1 (b)) sind in Abbildung 5.2 dargestellt.
Bereits diese Ergebnisse zeigen die signifikanten Unterschiede in der Probengeometrie nach dem Stauchen zwischen der polierten Referenzprobe (Probennummer 0) und den gestrahlten Proben. Sowohl Innen- als auch Außendurchmesser reagieren deutlich auf den Reibungseinfluss der unterschiedlichen mikroskopischen Oberflächenstrukturen. Der Materialfluss wird entsprechend stark durch diese Einflussgröße geprägt. Werden lediglich die unterschiedlich gestrahlten Oberflächen untereinander betrachtet, so fallen die Unterscheide der gemessen Endgeometrien deutlich geringer aus.

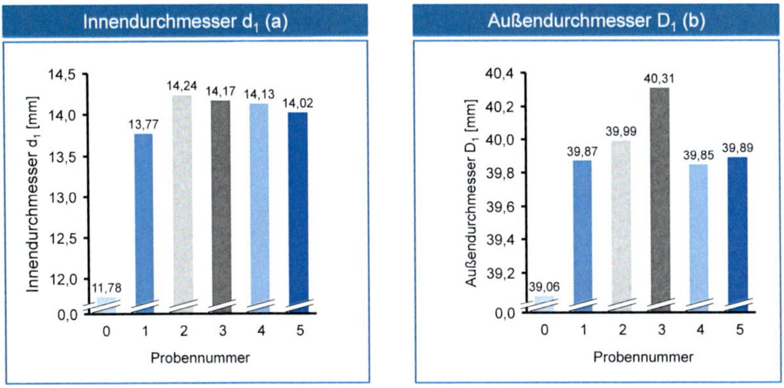

Abbildung 5.2: Gegenüberstellung der Innen- (a) und Außendurchmesser (b) nach dem Ringstauchen

Comparison of the inner (a) and the outer diameter (b) of the ring

Demgegenüber ist der Einfluss der mikroskopischen Oberflächenstruktur auf den Kraftbedarf der Presse zur Umformung des Rings auf die halbe Ringhöhe signifikant. Abbildung 5.3 (a) gibt einen Überblick über die gemittelte maximale Stauchkraft $F_{St,max}$, die zur Umformung der gestrahlten Proben notwendig war. Zum Stauchen der polierten Proben wurde die höchste maximale Kraft $F_{St,max} = 1052$ kN benötigt. Demgegenüber wurde für das Umformen der Probe 5 lediglich eine maximale Pressenkraft von $F_{St,max} = 849$ kN benötigt. Dies entspricht einer Reduktion von ca. 19%. Interessant an diesem Ergebnis ist die direkte Korrelation mit den Messungen aus den dreidimensionalen Oberflächenkennwerten (siehe Tabelle 4.1). Insbesondere die Werte der Oberflächenrauheit S_{vk} korrelieren reziprok linear mit den gemessenen maximalen Pressenkräften und zeigen ebenfalls einen annähernd linearen Zusammenhang. S_{vk} definiert als Kenngröße das „reduzierte Riefenvolumen“ und beschreibt die gemittelte Tiefe der Rauheit unter dem Kernbereich einer Topografie. Den hier gewonnenen Erkenntnissen nach kann dieser Kennwert auch als Maß für ein Schmierstofftaschenvolumen auf Halbzeugen in der Kaltmassivumformung dienen.
Die Ermittlung der jeweiligen Prozessreibung in Form des Reibfaktors m erfolgte mittels des in Kapitel 4.2.1 vorgestellten Nomogramms. Generell konnte auch hier festgestellt werden, dass der Reibwert m der polierten Probe um den Faktor zwei höher gegenüber den gestrahlten Proben liegt. Hier bestätigen sich die Ergebnisse aus den Versuchen zur Stauchkraftanalyse (siehe oben). Im direkten Vergleich der gestrahlten Proben kristallisierten sich zwei wesentliche Effekte heraus: Zum einen liegt der ermittelte Reibwert beim Stauchen der Proben mit rollierter Oberfläche im Vergleich zur konventionell gestrahlten Probe deutlich höher. Dies konnte sowohl bei den fein gestrahlten Proben (vergleiche

Abbildung 5.3 (b) Probe 1 und 2) als auch bei den Proben mit grob gestrahlter Oberfläche (vgl. Abbildung 5.3 (b) Probe 4 und 5) nachgewiesen werden.

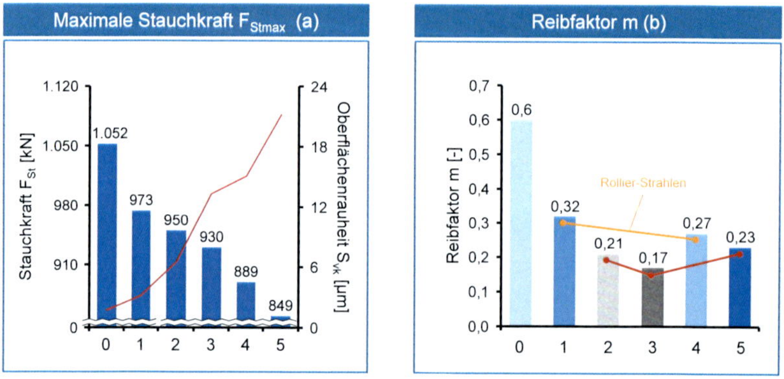

Abbildung 5.3: Auswertung und Gegenüberstellung der benötigten maximalen Stauchkraft $F_{St,max}$ (a) und des Reibfaktors m (b) aus den unterschiedlichen Versuchsreihen

Evaluation and comparison of the maximum upsetting force $F_{St,max}$ (a) and the friction factor m (b) from the different test series

Darüber hinaus konnte gezeigt werden, dass der Reibwert m bei den konventionell gestrahlten Proben mit zunehmender Rauheit der Oberfläche zunächst abnimmt und bei der maximalen untersuchten Rauheit wieder ansteigt. Anhand der Ergebnisse kann daher angenommen werden, dass es zur Minimierung der Prozessreibung ein optimales Prozessfenster in Bezug auf die Oberflächenrauheit gibt, das sowohl von der geometrischen Gestalt der Topografie als auch von der Rauheit abhängt.

Fazit: Die experimentellen Untersuchungen zum Ringstauchen in diesem Kapitel haben gezeigt, dass die mikroskopische Oberflächenstruktur einen wesentlichen Einfluss auf die Prozessreibung hat. Mittels unterschiedlicher mechanischer Strahlverfahren konnten die Oberflächen von Ringstauchproben so modifiziert werden, dass unter ansonsten konstanten Prozessparametern Unterschiede in den Reibfaktoren m von bis zu 50% gemessen wurden. Nochmals deutlich höhere Reibfaktoren stellen sich bei einer polierten Oberfläche der Ringstauchproben ein. Hier lagen die gemessenen Reibfaktoren bis zu 3,5-mal höher gegenüber dem gestrahlten Pendant. Auch wenn dieser Oberflächenzustand keine industrielle Relevanz hat, macht der Versuch den wesentlichen Einfluss auf die Rolle der mikroskopischen Oberflächenstruktur in der Kaltmassivumformung deutlich.
Es konnte ebenfalls gezeigt werden, dass sich die Prozessreibung gleichermaßen auch auf die

im Prozess benötigte Kraft auswirkt. Gegenüber der polierten Probe konnte die maximale Stauchkraft $F_{St,max}$ um bis zu 20% gesenkt werden, wenn die Probenoberfläche durch mechanisches Strahlen strukturiert wird. Aus einem reduzierten Kraftbedarf folgt ein geringerer Energiebedarf. Dies steigert die Effizienz des Prozesses und schont Ressourcen. In Bezug auf die gemessenen Prozesskräfte war es möglich, eine Korrelation zum dreidimensionalen Oberflächenrauheitswert S_{vk} zu bilden. Dieser verhält sich umgekehrt proportional zur Kraft. Mit steigendem Rauheitswert sinkt demnach die maximale erforderliche Prozesskraft zum Stauchen der Proben. Allerdings geben diese Kennwerte keinen Aufschluss über die tribologische Interaktion und die physikalischen Wechselwirkungen zwischen den extrem unterschiedlichen Oberflächenstrukturen und einem Zwischenstoff in Form eines Schmierstoffs. Da eine unmittelbare Betrachtung und Analyse der ablaufenden Effekte in der Wirkfuge aufgrund der Größenordnung nicht möglich ist, wird an dieser Stelle ein dreidimensionales numerisches FE-Modell entwickelt, das die Interpretation der Ergebnisse und die Erklärung der Wirkmechanismen in der Wirkfuge der Kaltumformung unterstützt.

5.2 Aufbau des numerischen Simulationsmodells

Aus dem Stand der Technik geht hervor, dass numerische Modelle zur Abbildung von tribologischen Effekten in der Wirkfuge der Kaltmassivumformung nur sehr vereinzelt existieren. Dies ist u.a. der hohen Komplexität eines Tribosystems geschuldet, die eine hohe Komplexität des FE-Modells und der notwendigen Rechenleistung nach sich zieht. Insbesondere die numerische Modellierung der Interaktion von mikroskopischen Oberflächenstrukturen und einem Schmierstoff in Kontakt mit einer Werkzeugoberfläche ist bisher nur ungenügend abgebildet worden. Die Vorarbeiten in diesem Kapitel zum Ringstauchen haben jedoch gezeigt, dass die mikroskopische Oberflächenstruktur einen wesentlichen Einfluss auf den Reibfaktor hat. Um die ablaufenden Effekte in der Wirkfuge besser zu verstehen, wird im Folgenden ein numerisches Modell entwickelt, welches zunächst die Abbildung realer, mikroskopischer Oberflächenstrukturen ermöglicht und darüber hinaus auch deren Interaktion mit einem Schmierstoff abbildet. Dadurch können die Wirkmechanismen während der plastischen Deformation der Oberflächenrauheiten bei der Umformung des Stahlwerkstoffes besser analysiert und verstanden werden.
Zunächst wird der Modellaufbau und insbesondere die strukturmechanische Modellierung der Oberflächenstrukturen in der Simulationssoftware Abaqus 6.10 vorgestellt und diskutiert. Hierbei war es das Ziel, die in Kapitel 5.1.2 vorgestellten mechanisch strukturierten Oberflächen der Ringstauchproben zu digitalisieren, in ein CAD- und anschließend in ein dreidimensionales FE-Modell zu überführen. Die Herausforderung hierbei lag in der Dimension der mikroskopischen Oberflächenstrukturen und in der realitätsnahen Modellierung dieser. Aufbauend hierauf erfolgte die Einbindung fluidmechanischer Modellerweiterungen zur Abbildung des Schmierstoffeinflusses während der Umformung. Die numerische Simulation und die Interpretation und Diskussion der Ergebnisse schließen dieses Kapitel.

5.2.1 Digitalisierung von Mikrostrukturen durch Flächenrückführung

Die Übertragung von realen mikroskopischen Oberflächenstrukturen in ein digitales numerisches Modell gehört heute nicht zum Stand der Technik. Daher wird in diesem Kapitel zunächst die Erstellung eines CAD-Volumenkörpers vorgestellt, der anschließend in ein FE-Modell überführt werden kann (siehe Abbildung 5.4). Ausgangsbasis für die Forschungsarbeiten waren die in Kapitel 5.1.2 vorgestellten Oberflächenstrukturen der Ringstauchproben. Die Vermessung und Digitalisierung der Oberflächentopografien erfolgte mittels hochauflösender Streifenlichtprojektion durch die Messapparatur MikroCADplus der Firma GFMesstechnik GmbH (GFM Berlin). Mittels der Auswertesoftware ODSCAD wurde eine Punktewolke exportiert. Die einzelnen Punkte wurden anschließend in der CAD-Software CATIA V5R19 durch Splines manuell verbunden und zu einer geschlossenen Oberfläche verknüpft. Durch Extrusion wurde ein entsprechender Volumenkörper erzeugt, der über das standardisierte Schnittstellenformat IGES an die FE-Software übergeben wurde. Abbildung 5.4 zeigt die Komplexität von mechanisch gestrahlten Oberflächen und den daraus resultierenden Schwierigkeitsgrad, solche Oberflächenstrukturen in ein CAD-Modell bzw. FE-Modell zu übertragen.

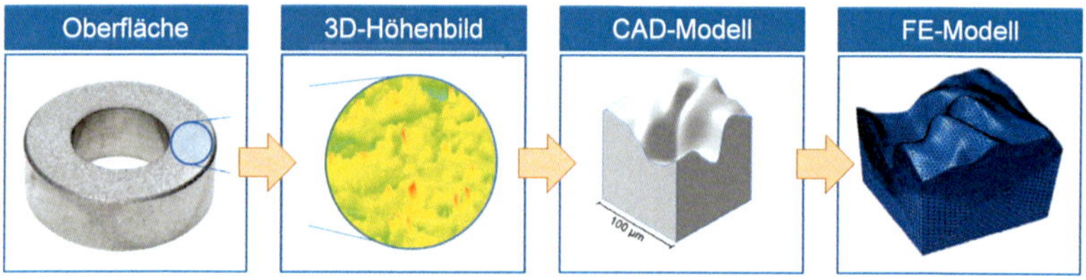

Abbildung 5.4: Digitalisierung mikroskopischer Oberflächenstrukturen durch Flächenrückführungsverfahren

Digitization microscopic surface structures using reverse modelling methods

Für die spätere Vernetzung der CAD-Modelle in der FE-Software Abaqus 6.10 wird eine sehr feine Elementkantenlänge benötigt, um die Rauheiten ausreichend genau zu diskretisieren. Aus Gründen der hohen resultierenden Elementanzahl und der erforderlichen Rechenleistung ist es daher nicht möglich, ganze Bauteile mit realen Oberflächenstrukturen zu versehen und zu diskretisieren. Um auch bei der Vernetzung der FE-Modelle dieser Arbeit die Anzahl der Elemente im Rahmen zu halten, wurde aus den CAD-Modellen mit den unterschiedlichen Oberflächenstrukturen ein kleiner Teil des Volumenkörpers herausgeschnitten. Die Grundfläche der Mikromodelle für die FE-Untersuchungen beträgt 0,1 mm^2. Die Höhe des Modells beträgt ebenfalls 0,1 mm. Die Größe dieses charakteristischen Volumenelements ist so gewählt, dass die wesentlichen tribologischen Merkmale der Oberflächen, wie z.B. geschlossene Schmierstofftaschen, detailgetreu abgebildet werden, und gleichzeitig die Randbedingungen hinsichtlich der FE-Modellierung (max. Anzahl der Elemente im

Netz) erfüllt. Abbildung 5.5 (unten) zeigt beispielhaft digitalisierte CAD-Modelle der gestrahlten Oberflächen aus den fünf Versuchsreihen im Ringstauchversuch, die in den experimentellen Versuchen in Kapitel 5.1.2 diskutiert wurden (Abbildung 5.5 (oben)).

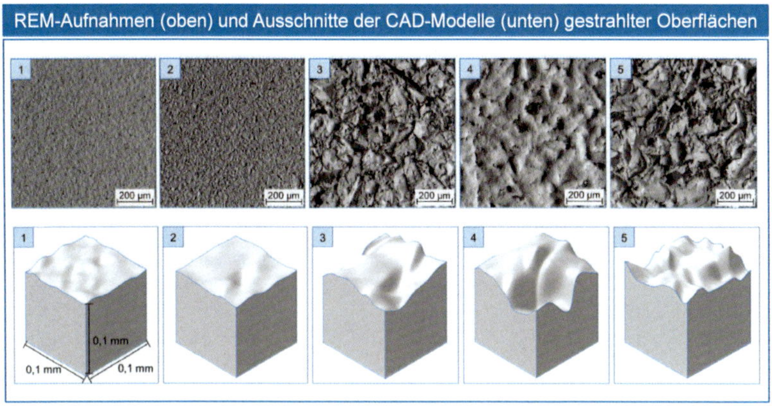

Abbildung 5.5: CAD-Modelle der untersuchten mikroskopischen Oberflächenstrukturen

CAD models of the investigated microscopic surface structures

Insbesondere ist beim Ausschneiden der Mikromodelle darauf zu achten, dass an den Würfelkanten keine spitzen Oberflächenstrukturen entstehen. Dies führt anschließend zu Vernetzungs- und Stabilitätsproblemen des Lösungsalgorithmus in der FE-Software.

5.2.2 Bewertung der Modelle

Bei der Erzeugung von CAD-Modellen mit realen Oberflächenstrukturen ist das Ziel, die komplexen Strukturen möglichst realitätsgetreu wiederzugeben. Im Folgenden wird daher ein Vergleich der realen und modellierten Oberflächen vorgenommen. Dazu werden REM-Aufnahmen der einzelnen Oberflächen mit den CAD-Modellen verglichen und einer qualitativen Bewertung unterzogen. In Abbildung 5.6 sind beispielhaft die modellierten Mikrotopographien der mechanisch gestrahlten Oberflächen aus den Versuchsreihen 4 (sehr gute Modellqualität) und 5 (moderate Modellqualität) jeweils einer REM-Aufnahme gegenübergestellt.

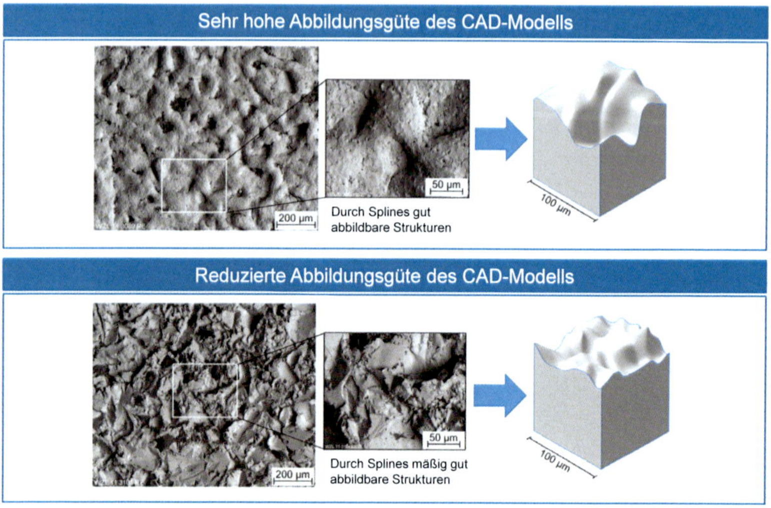

Abbildung 5.6: Bewertung der Qualität der CAD-Modelle anhand eines qualitativen Vergleichs zwischen REM-Aufnahmen der mechanisch gestrahlten Oberflächen und der Modelltopografie

Evaluation of the quality of the CAD models based on a qualitative comparison between SEM images of mechanically blasted surfaces and the model topography

Die REM-Aufnahme zeigt die relativ weichen Konturen der rollier-gestrahlten Oberfläche (Proben-Nr. 4), die bei einer Digitalisierung durch Splines sehr gut abgebildet werden können. Strukturen im subμm-Bereich sind wiederum auch in diesem Modell nicht darstellbar. Ihr Einfluss auf die tribologischen Aspekte wird von daher in diesen Untersuchungen vernachlässigt. Ähnlich gute Ergebnisse der Oberflächenmodellierung lieferte die Versuchsreihe 1. Beide Proben wurden mit dem Rollier-Strahl Verfahren bearbeitet, das relativ weiche Konturen auf der Oberfläche erzeugt. Die Oberflächen der konventionell gestrahlten Proben 5 sind durch deutlich schärfere Kanten geprägt. Die Digitalisierung stark zerklüfteter Oberflächen mit steilen Flanken und engen Radien ist durch die Vorgehensweise mittels Splines nur schwer realisierbar. Der in dieser Arbeit entwickelte Weg zur Oberflächenmodellierung liefert bei derartigen Strukturen relative Abbildungsungenauigkeiten, die einer späteren Interpretation vor diesem Hintergrund bedürfen. Dennoch bleiben die wesentlichen charakteristischen Merkmale der Oberfläche erhalten, so dass auch hier von einer hohen Modellgüte ausgegangen werden kann. Dies bezieht sich auf die Oberflächen aus den Versuchsreihen 2, 3 und 5.

5.2.3 Aufbau des strukturmechanischen FE-Simulationsmodells

Als Basis für das numerische FE-Modell dienten die importierten und vernetzten CAD-Modelle mit den unterschiedlichen Oberflächenstrukturen aus Kapitel 5.2.1. Das grundlegende Simulationsmodell ist für die fünf Versuchsreihen gleich aufgebaut, lediglich die Oberflächenstruktur wurde jeweils angepasst (siehe Abbildung 5.5). Alle übrigen Randbedingungen blieben konstant. Bei der Simulation bewegt sich ein zylindrischer Stempel mit ebener Stirnfläche in horizontaler Richtung auf das FE-Modell zu und verformt die Rauheiten der Oberflächenstrukturen zunächst elastisch und anschließend plastisch. Zur präzisen Abbildung der Oberflächenstruktur erfolgte die Vernetzung mit tetragonalen Kontinuumselementen mit linearer Interpolationsfunktion (C3D4). Die Elementkantenlänge variiert zwischen 1,5 und 5 μm und führt zu maximal 165.000 Elementen. Der Stempel wurde als ideal starr modelliert. Der Stempelweg ist für die unterschiedlichen Modelle so angepasst, dass eine vollständige Einebnung der Rauheiten erfolgt. Der Stauchweg wird als Variable Δh eingeführt und beschreibt jeweils den Weg, den der Stempel nach dem ersten Kontakt mit dem höchsten Rauheitsberg zurückgelegt hat. Die Grundflächen der FE-Modelle wurden fest eingespannt. Vertikale und horizontale Verschiebungen sowie mögliche Rotationen der Elemente auf der Grundfläche waren somit unterbunden.
Für die Modellierung des elasto-plastischen Materialverhaltens der Oberflächenstrukturen der Halbzeuge wurde auf Fließkurvenwerte zurückgegriffen, die explizit für diese Materialcharge aufgenommen wurden. Der Einfluss der veränderten Werkstoffeigenschaften in der Randzone durch das mechanische Strahlen der Oberfläche konnten in diesem Modell noch nicht berücksichtigt werden, sollte zukünftig jedoch in weiterführende Forschungsaufgaben integriert werden. Des Weiteren wurden die Materialeigenschaften in Tabelle 5.3 definiert.

Alle Einheiten in dem erstellten Modell entsprechen dem SI (mm)-Einheitensystem. Die Kontaktbedingungen zwischen Werkstück und Stempel wurden über „general contact" definiert. Dem Kontakt in Normalenrichtung wurde die Eigenschaft „hard contact" und dem tangentialen Kontakt „rough" zugewiesen. Da die spätere Erweiterung der Modelle um die Abbildung des Schmierstoffs einen expliziten Lösungsalgorithmus („solver") erfordert, wurde bereits das strukturmechanische Modell entsprechend aufgebaut und

Tabelle 5.3: Definition der strukturmechanischen Materialeigenschaften für das numerische Modell

Material properties for the numerical model

Parameter	Formelzeichen	Einheit	Wert
Dichte	σ	[t/mm^2]	7,853E^{-9}
E-Modul	E	[MPa]	212.000
Poissonzahl	η	[-]	0,285
Temperatur	T	[°C]	20

explizit berechnet („dynamic explict“). Da die Rechendauer aufgrund der sehr kleinen Elementkantenlängen von ca. 1,5 μm in den verwendeten Modellen bei bis zu zwei Wochen lag (maximales Zeitinkrement $1E^{-10}$ s), wurde das maximale Zeitinkrement über ein „mass scaling“ vergrößert. Mit dem E-Modul E und der Dichte ρ des Werkstoffs gilt für das maximale Zeitinkrement Δt_{max}:

$$\Delta t_{max} = l_{min} \cdot \sqrt{\frac{\rho}{E}} \tag{5.1}$$

Da die kleinste Elementkantenlänge durch die Vernetzung der Oberflächenstrukturen fest vorgegeben wird, kann hierbei nur durch die Variation der Dichte des Halbzeugwerkstoffs das maximale Zeitinkrement positiv beeinflusst werden. Dies ist für quasistatische Problemstellungen, wie dem hier untersuchten Stauchprozess, bei dem die kinetische Energie sehr viel kleiner als die innere Energie des deformierbaren Körpers ist, zulässig [ABAQUS THEORY GUIDE V6.10]. Zusätzlich wurde über ein „time-scaling“ die Prozessgeschwindigkeit künstlich erhöht, um die zu berechnende Dauer des Prozessschrittes heruntersetzen zu können. Somit lassen sich die Rechenzeiten unter Berücksichtigung des Verhältnisses der kinetischen zur inneren Energie verkürzen; bei gleichzeitig hoher Aussagequalität der FE-Simulation. Dem Schritt „Stempel herunterfahren“ wurde eine Zeitperiode von t_{step} = 0,001 s zugeordnet, die Stempelgeschwindigkeit lag somit bei $v_{St,FEM}$ = 20 mm/s. Ein Modell der Mikrotopografie (im Folgenden Mikromodell genannt) zur Analyse des Einebnungsverhaltens von Oberflächenstrukturen ist beispielhaft in Abbildung 5.7 dargestellt.

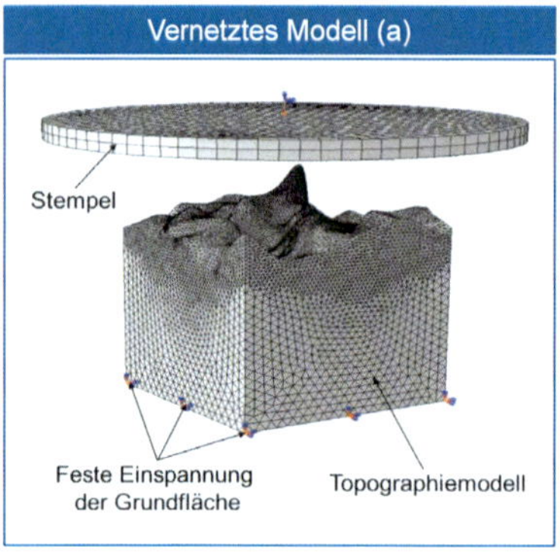

Modellparameter (b)

Modellparameter		
Elementtyp	C3D4	[-]
Elementanzahl	165.000	[-]
Elementkantenlänge	1,5/ 5	[µm]
Dichte ρ	7, 853 E^{-9}	[t/mm³]
E-Modul E	212.000	[MPa]
Poissonzahl ν	0,285	[-]

Abbildung 5.7: Vernetztes Mikromodell (a) und Modellparameter (b)

Micro-model (a) and a model parameters (b)

Die Simulationsmodelle mit anderen Oberflächenstrukturen sind als analog zu betrachten. Als Zustandsgrößen wurden in den FE-Modellen Spannungen, Dehnungen, Verschiebungen und Reaktionskräfte berechnet. Zusätzlich wurden Kontaktkräfte und Kontaktspannungen ermittelt. Die Simulationsergebnisse werden in Kapitel 5.3 vorgestellt und diskutiert.

5.2.4 Schmierstoffmodellierung

Ein wesentlicher Schwerpunkt dieser Arbeit liegt auf der numerischen Modellierung der Interaktion von Schmierstoff und Oberflächenrauheit in der Wirkfuge bei der Kaltmassivumformung. Daher wurde das in Kapitel 5.2.3 vorgestellte strukturmechanische FE-Modell um die fluidmechanische Abbildung der physikalischen Eigenschaften flüssiger Schmierstoffe zu einem Fluid-Struktur-Interaktions (FSI)-Modell erweitert. Der Schmierstoff wurde hierzu mit Hilfe der Euler´schen Diskretisierungstechnik abgebildet und als Newtonsches Fluid angenähert. Mit Hilfe der FSI-Simulation auf Basis des gekoppelten Euler-Lagrange-Ansatzes (Coupled-Eulerian-Lagrangian Analysis, CEL) können in Abaqus/Explicit Anwendungen mit extremen Verformungen modelliert werden. Die Euler-Elemente können über „general contact“ mit den strukturmechanischen Elementen der Oberflächenstrukturen in Lagrange´scher Formulierung gekoppelt werden, um Interaktionen zwischen stark verformbaren (z.B. Schmierstoffen) und relativ steifen Körpern zu modellieren.
Bei der Euler'schen Betrachtungsweise eines Kontinuums fließt das Material durch das ortsfeste Netz. Somit ist bereits vor der Berechnung der Simulation das Euler-Netz zu definieren, innerhalb dessen Grenzen sich das Fluid bewegen kann. Verlassen Teile des Fluids diese Grenzen während der Simulation, werden sie von den weiteren Berechnungen ausgeschlossen. Zustandsgrößen können nur für das Kontinuum innerhalb des Netzes berechnet werden. Die Materialcharakteristik des Schmierstoffs wurde dem Euler-Netz über die in Tabelle 5.4 dargestellten Werte aufgeprägt.

Tabelle 5.4: Definition der Fluideigenschaften für das FSI-Modell
Fluid parameters for the FSI-Model

Parameter	Formelzeichen	Einheit	Wert
Dichte	σ	$[t/mm^2]$	$1 \cdot 10^{-9}$
Dyn. Viskosität	ν	$[Ns/mm^2]$	212.000

Diese korrespondieren mit den physikalischen Daten eines typischen mineralischen Fließpressöls für die Kaltmassivumformung. Die chemischen Eigenschaften des Öls (z.B. die Wirkung von Additiven o.ä.) wurden in diesem Modell nicht berücksichtigt. Das um die Modellierung des Schmierstoffs erweiterte strukturmechanische FE-Modell ist in Abbildung 5.8 beispielhaft für eine Oberflächenstruktur dargestellt. Als Zustandsgrößen wurden bei den FSI-Modellen zusätzlich die fluidmechanischen Drücke im Schmierstoff berechnet.

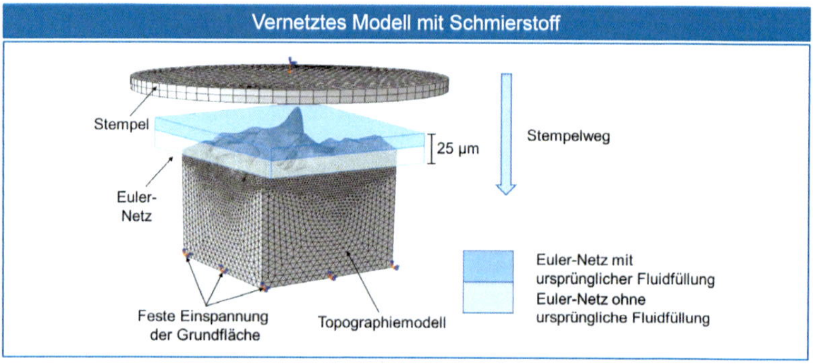

Abbildung 5.8: Modellaufbau des FSI-Modells mit Euler-Elementen

Structure of the FSI model with Eulerelements

Der Aufbau ist für die fünf Simulationsreihen identisch, lediglich die Oberflächenstruktur wurde jeweils ausgetauscht. Der modellierte Schmierstoff befindet sich zwischen Stempel und Oberflächenstruktur und wird entweder lateral aus dem Kontakt herausgedrückt oder, je nach Ausprägung der gestrahlten Oberflächenstruktur, innerhalb von Schmierstofftaschen fixiert. Durch die Abwärtsbewegung des Stempels und der daraus resultierenden plastischen Deformation der Oberflächenstruktur wird der Schmierstoff mit einem Druck beaufschlagt und beeinflusst somit die Spannungs- und Dehnungsgrößen in der Umformzone.

5.3 Numerische Simulation und Ergebnisdiskussion

In diesem Kapitel werden die Ergebnisse der numerischen Simulationen ausgewertet und diskutiert. Durch einen Vergleich der Oberflächenverformung während der Umformung mit und ohne Schmierstoff und eine Auswertung der Vergleichs- und Kontaktnormalspannungen während der plastischen Deformation in Abhängigkeit von der Oberflächenrauheit lassen sich qualitative und quantitative Rückschlüsse auf die Kontaktverhältnisse in der Wirkfuge ziehen. Aus den Beobachtungen werden anschließend Modelle abgeleitet, die den Einfluss gestrahlter Mikrostrukturen auf die Prozessreibung in der Kaltmassivumformung erklären. Die gewonnenen Erkenntnisse werden im Folgenden beispielhaft an der gestrahlten Oberfläche Nr. 2 dargestellt.

5.3.1 Analyse der Schmierstoffverteilung auf der Oberfläche

Voraussetzung für die Interpretation der Simulationsergebnisse ist die Kenntnis der Schmierstoffverteilung während der Umformung. Abbildung 5.9 zeigt beispielhaft die örtliche

Verteilung des Schmierstoffs auf der Modelltopografie mit der Oberflächenstruktur 2 (siehe Abbildung 5.5) bei unterschiedlichen Stauchwegen Δh in der Draufsicht auf das simulierte charakteristische Volumenelement. Der Stempel wurde hierbei ausgeblendet, drückt aber noch mit der maximalen Stempelkraft auf die Halbzeugoberfläche, um die Verteilung des Fluids unter Belastung zu analysieren. Das Fluid (olivfarbene Färbung) ist leicht transparent dargestellt, um die darunter befindlichen Konturen der Oberflächenstruktur (graue Färbung) noch zu visualisieren. Die unterschiedlichen Tönungen des Schmierstoffs weisen auf die Schmierfilmdicke hin (heller = geringere Schmierfilmdicke; dunkler = höhere Schmierfilmdicke). Nominell sind die Rauheiten nach einem Stauchweg von Δh = 35 μm vollständig eingeglättet. Aus den unterschiedlichen Farbverläufen des Schmierstoffs lässt sich aber bereits ableiten, dass abgeschlossene Schmierstofftaschen unterschiedlicher Tiefe ausgebildet wurden und sich hydrostatische Druckpolster aufgebaut haben. Mit steigendem Stauchweg reduziert sich außerdem die Schmierstoffmenge im Kontakt. Durch den dann steigenden Druck auf den Schmierstoff entweicht dieser zum Teil aus dem Kontaktbereich.

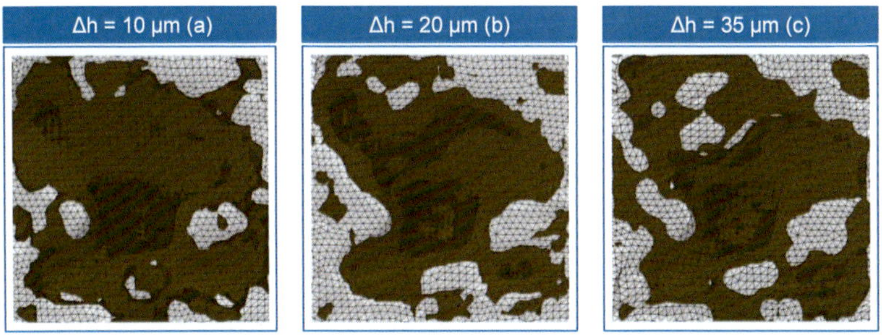

Abbildung 5.9: Schmierstoffverteilung bei unterschiedlichen Stauchhöhen Δh (Draufsicht)

Lubricant distribution at different upsetting heights Δh (top view)

Es wurden keine fluiddynamischen Randbedingungen definiert, die ein seitliches Abfließen des Schmierstoffs behindern. Mit zunehmendem Stauchweg wird das Schmiermittel daher kontinuierlich aus der Wirkzone zwischen Werkzeug und Halbzeug verdrängt, zumindest in den Bereichen, die keine geschlossenen Schmierstofftaschen aufweisen. Es ist nicht auszuschließen, dass in den grau dargestellten Bereichen sehr dünne Schmierfilme im realen Prozess vorhanden sind. Diese können allerdings trotz der hier gewählten hohen Netzfeinheit des Euler-Netzes, nicht abgebildet werden. Dennoch kann aufgrund der gesammelten Erkenntnisse gefolgert werden, dass das entwickelte numerische Modell auf Basis einer kombinierten struktur-fluidmechanischen Modellierung die Abbildung der physikalischen Interaktion von Schmierstoff und Oberflächenrauheit sehr gut abbildet.

5.3.2 Oberflächeneinebnung und Vergleichsspannungen im Halbzeug

Zunächst werden die von Mises-Vergleichsspannungen σ_V in der Oberflächenstruktur bei einer Umformung mit und ohne Schmiermittel verglichen, um den physikalischen Einfluss des Schmierstoffs auf die Spannungen an der Oberfläche des Halbzeugs während des Stauchvorgangs zu untersuchen. Dazu sind in Abbildung 5.10 die Spannungsverteilungen in der Oberfläche bei unterschiedlichen Stauchhöhen Δh gegenübergestellt. Auch bei diesen Bildern wurde der Stempel ausgeblendet, befindet sich aber in direktem Kontakt mit der Oberfläche und dem Schmierstoff. Der Vergleich zeigt zunächst die deutlichen Unterschiede in der geometrischen Veränderung der Oberflächen während der Einebnung unter trockenen (oben) und geschmierten Bedingungen. Eine lokale, geschlossene Schmierstofftasche im mittleren Bildbereich (siehe Abbildung 5.10 oben) ist bei einer trockenen Umformung bereits nach einer Stauchhöhe von Δh = 10 μm deutlich kleiner in der flächigen Ausbreitung als unter geschmierten Bedingungen. Dies lässt darauf schließen, dass der Schmierstoff die plastische Deformation beeinflusst, obwohl davon auszugehen ist, dass die Schmierstofftasche zu diesem Zeitpunkt noch nicht vollständig geschlossen ist und Schmierstoff relativ leicht abfließen kann. Deutlicher werden die geometrischen Veränderungen an der Oberfläche bei größeren Stauchwegen. Während das Profiltal und die laterale Ausdehnung der Vertiefung unter trockenen Bedingungen auf ein Minimum schrumpfen, sind die Veränderungen unter Einsatz eines Schmierstoffes relativ gering.

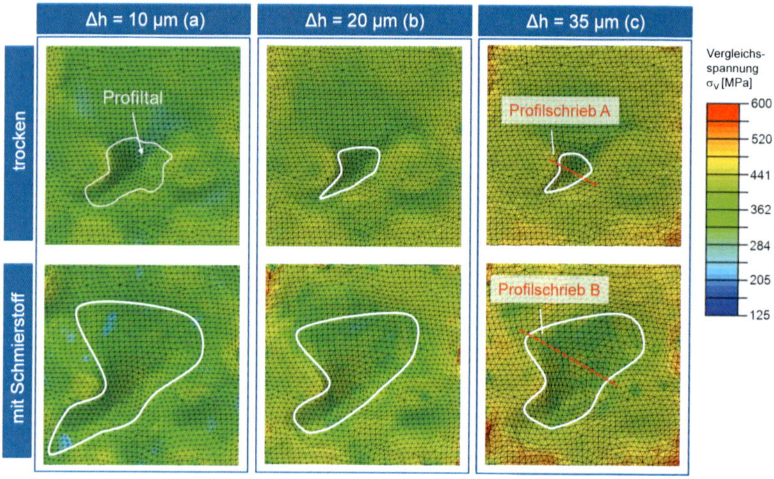

Abbildung 5.10: Vergleichsspannungen σ_V ohne (oben) und mit Schmierstoff (unten)

Effective stress distribution σ_V without (above) and with lubricant (bottom)

Zum Prozessende ist die flächige Ausdehnung des Rauheitstals bei Einsatz eines Schmierstoffs ca. 700% größer im Vergleich zur Fläche, die unter trockenen Bedingungen gebildet wurde. (siehe Abbildung 5.10 (c)). Dies kann eindeutig auf die Ausbildung eines hydrostatischen Druckpolsters im Schmierstoff zurückgeführt werden. Profilschriebe durch die in Abbildung 5.10 (c) gekennzeichneten Bereiche sind in Abbildung 5.11 dargestellt. Im oberen Bildteil visualisiert die gestrichelte Linie die Ausgangsrauheit, die beiden unteren Linien zeigen die eingeebnete Oberflächenstruktur unter trockenen (hellblau) und unter geschmierten Bedingungen (dunkelblau).

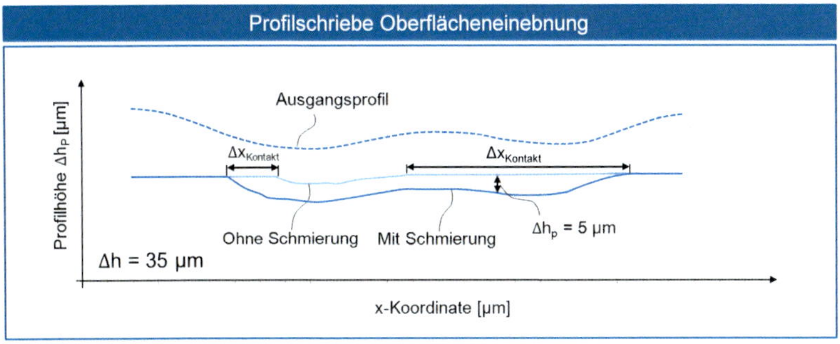

Abbildung 5.11: Ausgangsprofilschrieb und eingeebnete Oberflächen nach der Umformung mit und ohne Schmierstoff

Surface profiles with and without lubricant after upsetting process

Die durch $\Delta x_{Kontakt}$ gekennzeichneten Bereiche stellen den Unterschied in der Kontaktlänge zwischen ungeschmiertem und geschmiertem Versuch dar. Es ist außerdem zu erkennen, dass durch den Schmierstoff die ursprüngliche Rauheit in ihrer Form nur relativ gering verändert wird. Der hydrostatische Schmierfilmdruck staucht die Oberflächenstruktur nach unten und verändert hierdurch den ursprünglichen Charakter der mikroskopischen Oberflächenstruktur nur in geringem Maße. Die verbleibende Schmierstoffdicke - also die Tiefe des Profiltals unter geschmierten Bedingungen beträgt im Mittel ca. $\Delta h = 5\ \mu m$. Bei einer Gegenüberstellung der Vergleichsspannungen nach von Mises σ_V (siehe Abbildung 5.10 (c), unten) fällt insbesondere auf, dass in den Bereichen, wo keine Druckpolster des Schmierstoffs ausgebildet werden, also im direkten Werkstoffkontakt zwischen Werkzeug und Halbzeug, die Spannungen unter geschmierten Bedingungen höher sind als unter trockenen. Dies gilt gleichermaßen für die Kontaktnormalspannungen σ_N, die in der Modellierung eine ähnliche Verteilung aufweisen. Es muss also angenommen werden, dass beim Einsatz eines flüssigen Schmierstoffs die maximalen lokalen Kontaktnormal- und Vergleichsspannungen beim direkten Kontakt zwischen Werkzeug und Werkstück höher liegen als im ungeschmierten Kontakt. Daraus wiederum leitet sich ein lokal erhöhter

Verschleißangriff auf das Umformwerkzeug ab, auch wenn die globale Belastung durch den hydrostatischen Schmierstofftascheneffekt geringer ist als im ungeschmierten Kontakt. Die lokal erhöhten Flächenpressungen können anhand der folgenden Modellvorstellung erklärt werden. Bildet sich, wie in Abbildung 5.12 dargestellt, kein hydrostatisches Druckpolster zwischen Werkzeug und Halbzeug aus, können die Rauheitsspitzen relativ leicht und ohne hydrostatischen Gegendruck aus der Schmierstofftasche plastisch deformiert werden und das freie Volumen des Rauheitstals „auffüllen", solange bis die Rauheiten vollständig eingeebnet sind (siehe Abbildung 5.12 (a)).

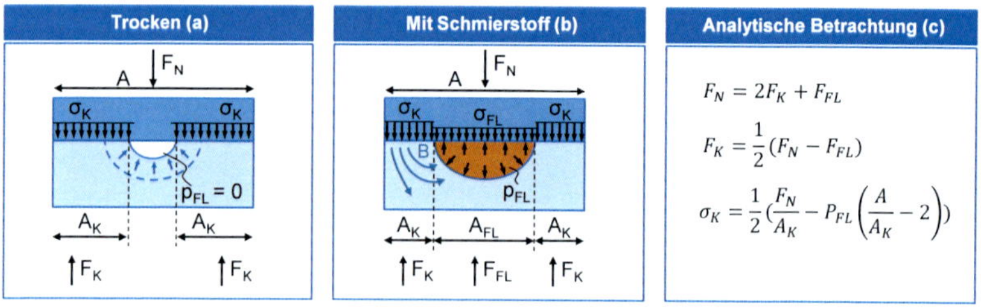

Abbildung 5.12: Modellvorstellung zur Erklärung der Spannungsverteilung im geschmierten und ungeschmierten Kontakt zwischen Werkzeug und Werkstück

Model for the explanation of the stress distribution in lubricated and unlubricated contact between tool and workpiece

Bildet sich jedoch eine abgeschlossene Schmierstofftasche aus und erzeugt dadurch ein hydrostatisches Druckpolster, wirkt dieses dem Werkstofffluss des Halbzeugs im Bereich B entgegen. Dadurch steigt die erforderliche Kontaktnormalspannung zur Plastifizierung des Werkstoffs, um diesen gegen den hydrostatischen Druck im Schmierstoff p_{Fl} in Richtung Schmierstofftasche fließen zu lassen (siehe Abbildung 5.12 (b)). Insbesondere konnte bei den numerischen Analysen eruiert werden, dass die Drücke im Schmiermedium um den Faktor zwei geringer sind als die Kontaktnormalspannungen im direkten Kontakt zwischen Werkzeug und Werkstück. Entsprechende Auswertungen können Abbildung 5.13 entnommen werden. Dementsprechend liegen die maximalen Schmierstoffdrücke um den Teiler 1,5 bis 2 unterhalb der maximalen Vergleichsspannungen bzw. Kontaktnormalspannungen im Stahlwerkstoff. Die deutlichen Druckunterschiede in den einzelnen Taschen deuten darauf hin, dass auch bei maximaler Stauchhöhe $\Delta h = 35\ \mu m$ noch Ausgleichs- und Quetschströmungen stattfinden, die den Druck an den Flanken der geschlossenen Schmierstofftaschen sinken lassen.

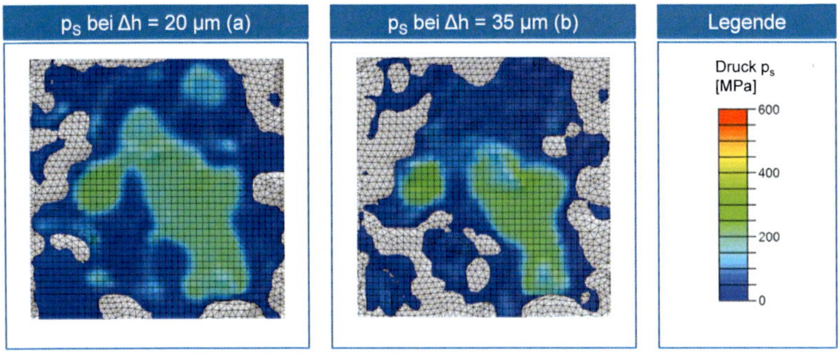

Abbildung 5.13: Druckverteilung im Schmierstoff auf der Werkzeugoberfläche während der Umformung bei Δh = 20 μm (a) und Δh = 35 μm (b)

Pressure distribution in the lubricant on the deformed surface during the forming process at Δh = 20 μm (a) and Δh = 35 μm (b)

Wird nach Abbildung 5.12 (b) zugrunde gelegt, dass der Zusammenhang

$$F_N = 2F_K + F_L \tag{5.2}$$

gilt, dann folgt daraus:

$$F_K = \frac{1}{2}(F_N - F_L) \tag{5.3}$$

bezogen auf die Kontaktnormalspannungen lässt sich hieraus Folgendes ableiten:

$$\sigma_N = \frac{1}{2}(\frac{F_N}{A_K} - p_S(\frac{A}{A_K} - 2)) \tag{5.4}$$

Aus diesen Zusammenhängen kann dann folgender Zielkonflikt abgeleitet werden: Aus der Formel 5.4 geht hervor, dass die Kontaktnormalspannung σ_{N} größer wird, wenn die Normalkraft $\mathrm{F_N}$ steigt, der Druck im Schmiermedium $\mathrm{p_S}$ sinkt oder auch die Kontaktfläche zwischen Werkzeug und Werkstück $\mathrm{A_K}$ kleiner wird. Demgegenüber wird σ_{N} kleiner, wenn $\mathrm{p_S}$ steigt oder $\mathrm{A_K}$ kleiner wird. Da in beiden Betrachtungen die Kontaktfläche $\mathrm{A_K}$ kleiner wird, wird an dieser Stelle angenommen, dass es ein optimales Fenster für die Gestalt einer Oberflächenstruktur gibt, das von den oben genannten Faktoren abhängt.
Für die Reibung im Kontakt gilt hierbei folgende Erkenntnis. In Bezug auf den globalen Reibfaktor m bzw. auf die globale Reibschubspannung τ_{R} gilt weiterhin, dass diese un-

ter geschmierten Bedingungen deutlich geringer ist als unter trockenen, da im Kontakt Schmierstoff - Werkstoff praktisch keine Reibschubspannungen zu erwarten sind. Je größer also die Fläche der geschlossenen Schmierstofftaschen, desto geringer die Reibung im Prozess. Allerdings wird sich dieser Effekt bei weiterer Steigerung der lokalen Kontaktnormalspannungen irgendwann zu einem Minimum und anschließend zu einem leichten Anstieg der Reibung führen, wie oben bereits diskutiert wurde.

5.3.3 Reibschubspannungen

Zur weiterführenden Analyse des Einflusses von Schmierstofftascheneffekten auf Halbzeugen in der Kaltmassivumformung erfolgte die Analyse der reibungsbedingten Schubspannungen τ_R im Kontakt zwischen Stempel und Halbzeugoberfläche. Abbildung 5.14 zeigt die Reibschubspannungen bei unterschiedlichen Stauchhöhen Δ h mit und ohne Schmierung. Da dem FE-Modell in der Simulation keine äußere Relativgeschwindigkeit zwischen dem Stempel und der Oberflächenstruktur aufgeprägt ist, handelt es sich hierbei um Reibung aufgrund der Relativgeschwindigkeit zwischen Werkzeug und Halbzeug durch Fließvorgänge während der Umformung.

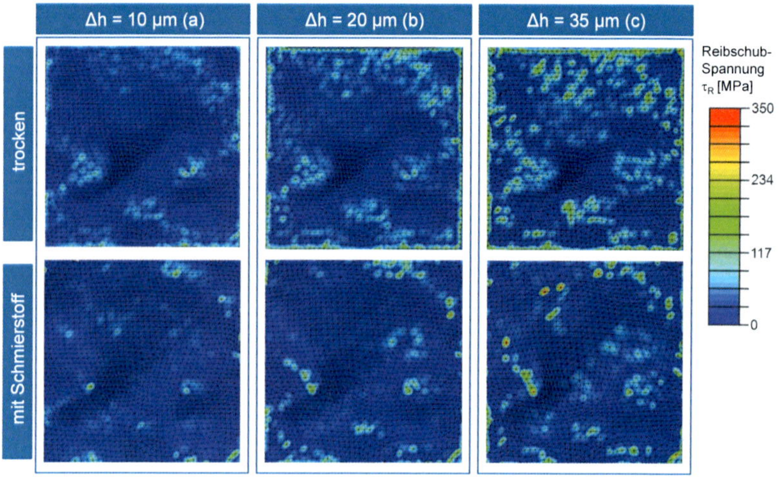

Abbildung 5.14: Gegenüberstellung der Reibschubspannungsverteilung τ_R in Abhängigkeit vom Stauchweg Δ h

Comparison of friction stress distribution τ_R depending on the upsetting level Δh

Bei der trockenen Umformung ist zu beobachten, dass die Kontaktflächen, an denen Reibung herrscht, bei steigendem Stauchweg Δh stark ansteigen. Bei Δh = 35 μm sind weite Bereiche im Kontakt mit dem Halbzeugwerkstoff. Die Reibschubspannungen in den Profiltälern gehen erwartungsgemäß gegen Null, da hier kein Kontakt zwischen Stempel und Oberfläche vorhanden ist und eine vollständige Trennung durch Schmierstoff vorliegt. Die maximalen Reibschubspannungen liegen lokal im Bereich von ca. 180 - 200 MPa. Im Vergleich zum trockenen Stauchvorgang zeigen die Oberflächen bei der geschmierten Umformung (siehe Abbildung 5.14 unten), der Modellvorstellung in Kapitel 5.3.2 folgend, weniger Bereiche, in denen Schubkräfte auftreten. An den Stellen, wo Schubspannungen auftreten, sind diese jedoch höher als bei der trockenen Umformung und liegen maximal bei 350 MPa. Hier zeigt sich wiederum, dass Schmierstofftaschen generell einen deutlichen Beitrag zur Reduktion der Kontaktflächen zwischen Werkzeug und Werkstück beitragen. In den Bereichen, wo Kontakt zwischen Werkzeug und Werkstück herrscht, muss allerdings davon ausgegangen werden, dass die Kontaktnormalspannungen und somit auch die Reibschubspannungen mit zunehmender Anzahl an Schmierstofftaschen steigen und somit die Reibung wiederum lokal negativ beeinflussen.

Fazit: Die Simulationen auf Basis der FEM in diesem Kapitel haben gezeigt, dass die numerische Modellierung der Interaktion von fluidmechanischen und strukturmechanischen Wirkmechanismen in einem dreidimensionalen Modell durch den Ansatz einer gekoppelter Euler-Lagrange Analyse erfolgreich angewendet werden kann. Die numerische Modellierung der Einebnung mikroskopischer Halbzeugrauheiten in Interaktion mit einem Schmierstoff hat gezeigt, dass durch mechanisch gestrahlte Oberflächen hydrostatische Fluiddrücke in Schmierstofftaschen entstehen, die einen wesentlichen Teil der Kräfte und Spannungen auf das Halbzeug übertragen können. Allerdings haben die Analysen auch ergeben, dass in Abhängigkeit von dem Verhältnis Schmierstofftaschenfläche zu Kontaktfläche zwischen Werkzeug und Werkstück im Mischreibungsgebiet ein lokaler Anstieg der Kontaktnormalspannungen σ_N und somit auch der Reibschubspannungen τ_R auftreten kann, der wiederum lokal die Reibung steigen lässt. Hieraus wurde ein Modell abgeleitet, das ein Optimum zwischen dem Verhältnis von geschlossener Leerfläche und Kontaktfläche zwischen Werkzeug und Werkstück in Bezug auf eine Reduktion der Reibung erklärt.
Die gewonnene Erkenntnis, dass hydrostatische Schmierstofftaschen die Kontaktspannungen zwischen Werkzeug und Werkstück lokal erhöhen können, stellt wiederum besondere Anforderungen an den Verschleißschutz der Werkzeugoberfläche. In diesem Kontext werden im folgenden Kapitel Arbeiten zur Entwicklung und Applikation einer PVD-Verschleißschutzschicht vorgestellt, die den hohen tribologischen Belastungen im Prozess gerecht wird.

6 Schichtentwicklung und Applikation

Coating development and application

In dieser Arbeit wird das Ziel verfolgt, Zinkphosphatierungen auf Halbzeugen für die Kaltmassivumformung sowie mineralölbasierte Schmierstoffe zu substituieren. Aus Sicht des industriellen Anwenders darf sich jedoch die gute Wirtschaftlichkeit typischer Kaltmassivumformprozesse nicht verschlechtern. Daraus resultieren hohe technologische und ökonomische Anforderungen an ein alternatives Tribosystem. Der hier verfolgte Ansatz zur Substitution des konventionellen Tribosystems liegt in der Verlagerung der tribologischen Eigenschaften von Konversionsschicht und additiviertem Schmierstoff auf die Werkzeugoberfläche in Form einer PVD-Hartstoffschicht. Die primäre Aufgabe dieser Beschichtung muss es sein, das Werkzeug dauerhaft vor adhäsivem und abrasivem Verschleiß zu schützen. Gelingt es zum anderen, durch die Schichteigenschaften die Prozessreibung zu reduzieren, so sind wesentliche Grundlagen für die bonderfreie Kaltmassivumformung geschaffen.
Die im Folgenden vorgestellten Forschungsarbeiten zur Entwicklung einer Werkzeugbeschichtung auf PVD-Basis wurden durch das Institut für Oberflächentechnik (IOT) der RWTH Aachen im Rahmen des SFB 442 Transferprojektes „Bonderfreies Kaltfließpressen" durchgeführt. Die Darstellung der einzelnen Entwicklungsschritte zeigt auf, wie den hohen Anforderungen hinsichtlich des Verschleißschutzes in der Kaltmassivumformung durch eine prozessangepasste Werkzeugbeschichtung begegnet werden kann. Als besondere Motivation für die vorgestellten Arbeiten ist der Aspekt der Wirtschaftlichkeit zu sehen, der die Forschungsergebnisse für die Anwendung im industriellen Umfeld einsetzbar macht.
Im zweiten Teil des Kapitels werden Ergebnisse zur reproduzierbaren, maschinellen Substratpräparation von Werkzeugen für die Kaltmassivumformung mittels Bürstpolieren diskutiert. Diese hatten zum Ziel, zum einen die Reproduzierbarkeit des Polierergebnisses gegenüber einer manuellen Substratpräparation zu verbessern und darüber hinaus die Wirtschaftlichkeit des Polierprozesses zu steigern, der nach Stand der Technik immer noch per Hand durchgeführt wird und somit ein Kostentreiber in der Werkzeugherstellung ist.

6.1 Grundlagen zum Schichtkonzept und der -architektur

Erste Forschungsarbeiten für das in dieser Arbeit betrachtete Hartstoffschichtsystem gehen auf Untersuchungen von Zimmermann et. al. aus dem Jahre 1998 zurück. Zimmermann fokussierte in seinen Forschungsarbeiten Werkstoffkombinationen auf Basis von TiHfN-, CrN-, HfN-, ZrN- und ZrHfN-Schichtverbunden, die mittels PVD-Verfahren abgeschieden wurden. Forschungsgegenstand hierbei waren Monoschichtlayer zur Applikation auf Werkzeugen für die definierte Zerspanung. [Zimm98] Für besonders geeignet im Hinblick auf eine hohe

Härte, Oxidationsbeständigkeit sowie einer hohen Abrasionsbeständigkeit bei gleichzeitig niedriger Adhäsionsneigung stellte sich der monolagige Werkstoffverbund (Ti,Hf,Cr)N heraus, der sich bei der Anwendung für die definierte Zerspanung als zielführend erwies. Die sehr guten physikalischen und chemischen Eigenschaften dieser Beschichtung bilden die Motivation in dieser Arbeit, durch eine zielführende Modifikation dieses Schichtsystems den extremen tribologischen Herausforderungen in der Kaltmassivumformung zu begegnen.

6.1.1 Historie der Schichtentwicklung

Das (Ti,Hf,Cr)N-Schichtkonzept wurde am Institut für Oberflächentechnik von Colmenares de Piñero [CdP08] zu einem nanolaminaten System mit strukturierter CrN-Decklage erweitert und auf die mechanischen Aspekte der Kaltmassivumformung adaptiert. Bei der im AIP-Verfahren abgeschiedenen Nanolaminate-Schicht wird die Sichtliniencharakteristik des PVD-Prozesses genutzt, um verschiedene Einzellagen herzustellen. Colmenares de Piñero erforschte in diesem Zusammenhang die Wirkungsweise unterschiedlicher Schichtlagendicken auf die Verschleißfestigkeit und die Schichthaftung. Die von ihr untersuchte nanostrukturierte CrN-Decklage sollte als abschließender Layer die Reibung der Beschichtung durch einen Schmierstofftascheneffekt reduzieren. Die Entwicklung dieser Decklage erfolgte durch eine Variation der bestimmenden Beschichtungsparameter Gasdruck, Substratbiasspannung und dem Modus der Spannungsversorgung (Gleichspannung oder Pulsbetrieb). Auf der Grundlage des von Colmenares de Piñero vorgestellten (Ti,Hf)N/CrN-Schichtsystems wird in dieser Arbeit durch Erforschung alternativer Schichtkompositionen ein mittels AIP-Verfahren abgeschiedenes Schichtsystem vorgestellt und diskutiert, das neben den hohen mechanischen Anforderungen auch auf die wirtschaftlichen Anforderungen der Kaltmassivumformung adaptiert ist. Als Nachteil für das oben genannte (Ti,Hf,Cr)N-System fallen nämlich die hohen Kosten bei der Abscheidung bzw. der Applikation ins Gewicht. Insbesondere das chemische Element Hafnium stellt sich in diesem Zusammenhang als Kostentreiber dar und macht eine Beschichtung großflächiger Umformwerkzeuge unwirtschaftlich. Daher lag eine Zielstellung der vorliegenden Arbeit auf der Erforschung einer alternativen chemischen Zusammensetzung der Schicht, die bei gleicher Leistungsfähigkeit deutlich kostengünstiger abgeschieden werden kann. Am IOT wurde daher die Forschungshypothese formuliert, dass eine Substitution des chemischen Elements Hafnium durch die Alternative Zirkonium möglich ist. Dies war zu zeigen.

6.1.2 Schichtentwicklung

Die Forschungsarbeiten am Institut für Oberflächentechnik hatten im Rahmen der Schichtentwicklung die Substitution des chemischen Elementes Hafnium im TiHfN/CrN-Schichtsystem durch das deutlich wirtschaftlichere Zirkonium zum Ziel. Um einen effizienten Beschichtungsprozess mit einer hohen Abscheiderate und zielführenden Schichteigenschaften auf dem Werkzeug zu realisieren, wurde daher zunächst nach einer zielführenden Komposition

der Targetzusammensetzung des TiZr-Targets geforscht. Eine experimentelle Parameterstudie mit drei volumenanteilig unterschiedlichen Zusammensetzungen des TiZr-Targets wurde durchgeführt, um unterschiedliche Schichten und deren Schichtzusammensetzungen und -eigenschaften zu ermitteln. Bis auf die unterschiedlichen Targets wurden alle Beschichtungsparameter bei dieser Studie konstant gehalten. Die wesentlichen Parameter, bei denen beschichtet wurde, sowie die Zusammensetzung der unterschiedlichen Targets können Abbildung 6.1 entnommen werden. Als Referenzbeschichtung wurde zusätzlich eine konventionelle (Ti,Hf)N/CrN-Schicht erzeugt.
Einen maßgeblichen Einfluss auf die Eigenschaften einer Beschichtung und natürlich auch auf die Wirtschaftlichkeit des Abscheideprozesses hat die Schichtrate. Daher erfolgte zu Beginn der Forschungsarbeiten eine Analyse hinsichtlich des Einflusses der verschiedenen eingesetzten Targets auf die Schichtrate im Prozess. Die höchste Schichtrate von maximal 4,3 $\mu m/h$ wurde mit den $Ti_{0,5}Zr_{0,5}$-Targets (Schichtsystem 4) erreicht. Schichtsystem 2 und 3 lagen mit 3,8 bzw. 3,9 $\mu m/h$ deutlich unter dem maximalen Wert von Schichtsystem 4. Ein direkter Vergleich der Schichtraten, die mit dem Hafnium-Target ($Ti_{0,7}Hf_{0,3}$) und dem stöchiometrisch identischen Zirkonium-Target ($Ti_{0,7}Zr_{0,3}$) hergestellten wurden - bei ansonsten identischen Prozessparametern - zeigt einen signifikanten Unterschied. Bereits die Abscheiderate des volumetrisch vergleichbaren $Ti_{0,7}Zr_{0,3}$-Targets ist hierbei um 30% höher als das Hafnium-Pendant. Als ausschlaggebend für diesen Effekt wurden am Institut für Oberflächentechnik die niedrigeren Verdampfungsenthalpien und Ionisierungsenergien des Zirkoniums gegenüber denen des Hafniums identifiziert. Im direkten Vergleich zum konventionellen System ($Ti_{0,7}Hf_{0,3}$) kann die Schichtrate des $Ti_{0,5}Zr_{0,5}$-Targets sogar um über 40% gesteigert werden. Aus Sicht der Wirtschaftlichkeit bedeutet eine höhere Schichtrate aufgrund der reduzierten Prozesszeiten beim Beschichten der Werkzeuge eine Leistungssteigerung. Im Wesentlichen müssen jedoch die Schichteigenschaften den Anforderungen der Kaltmassivumformung genügen, die im Folgenden analysiert werden.

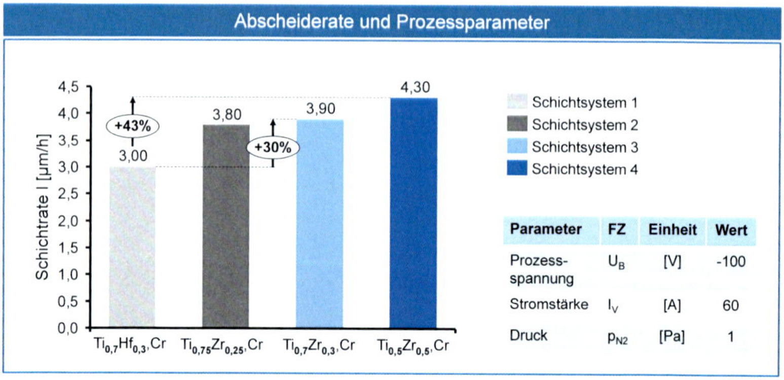

Parameter	FZ	Einheit	Wert
Prozess-spannung	U_B	[V]	-100
Stromstärke	I_V	[A]	60
Druck	p_{N2}	[Pa]	1

Abbildung 6.1: Vergleich der Abscheideraten der betrachteten nanolagigen Schichtsysteme (IOT RWTH Aachen)

Comparison of deposition rates with different compositions (IOT RWTH Aachen)

In diesem Zusammenhang werden insbesondere die mechanischen Eigenschaften einer Beschichtung durch die Schichtrate beeinflusst. Aus der Literatur und dem Stand der Technik geht hervor, dass ein geringes E-Modul einer PVD-Hartstoffschicht die Verbundhaftung zwischen Schicht und Substrat erhöht und somit Delaminationen bei hohen mechanischen Lasten - insbesondere auch bei zyklischen Belastungen - reduziert. Ein geringes E-Modul einer Beschichtung sollte jedoch nicht auf Kosten der Härte gewonnen werden, da eine hohe Härte ausschlaggebend für die Abrasionsfestigkeit im Kaltfließpressprozess ist. In Bezug auf die abgeschiedenen Schichtsysteme sind die mechanischen Eigenschaften in Abbildung 6.2 gegenübergestellt. Die Schichthärte wurde in Form der Universalhärte (Martenshärte HM) gemessen.

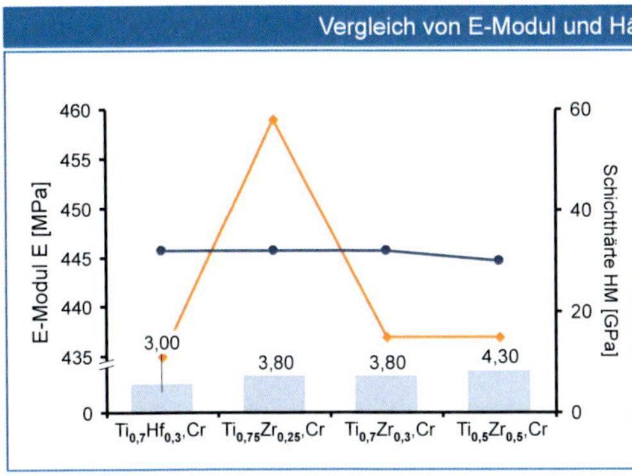

Parameter	FZ	Einheit	Wert
Prozess-spannung	U_B	[V]	-100
Stromstärke	I_V	[A]	60
Druck	p_{N2}	[Pa]	1

Abbildung 6.2: Vergleichende Gegenüberstellung der mechanischen Schichteigenschaften (IOT RWTH Aachen)

Comparative analysis of the mechanical coating properties (IOT RWTH Aachen)

Grundsätzlich weist das (Ti,Zr)N/CrN-Schichtsystem mit Werten zwischen 30 und 32 HM eine sehr hohe Härte auf, die das Niveau des konventionellen (Ti,Hf)N/CrN Schichtsystems erreicht. Da mit dem (Ti,Hf)N/CrN-Schichtsystem bereits sehr gute Ergebnisse hinsichtlich der Abrasionsfestigkeit in Laborversuchen erzielt wurden, lässt dies auch für die Neuentwicklung eine hohe Leistungsfähigkeit erwarten. Neben einer hohen Härte bestand die Herausforderung bei der Schichtentwicklung darin, der E-Modul der Schicht zu reduzieren, um eine hohe Zähigkeit und damit geringe Neigung zur Rissbildung der Schichten zu erreichen. Insbesondere das Schichtsystem 3 ($Ti_{0,7}Zr_{0,3N}$/CrN) erfüllt mit einer mittleren Härte von 32 HV und einem E-Modul von E = 437 MPa die wesentlichen Anforderungen besonders gut (siehe Abbildung 6.2).
Zur Analyse der Einzelphasen der abgeschiedenen Beschichtungen erfolgte eine Röntgenanalyse. Trotz einer Überlagerung bzw. Überschneidung der Peaklagen der Beschichtungen mit der WC-Phase des Hartmetallsubstrates, auf denen die Beschichtungen zunächst abgeschieden wurden, konnten die kubischen Phasen ZrN, TiN und CrN umfassend detektiert und analysiert werden (siehe Abbildung 6.3 (a)). Schichtunterschiede aufgrund der unterschiedlichen Ti- zu Zr-Anteile waren nicht erkennbar. Abbildung 6.3 (b) zeigt im Vergleich hierzu außerdem eine Röntgenanalyse des konventionellen $Ti_{0,7}Hf_{0,3}$N/CrN-Schichtsystems.

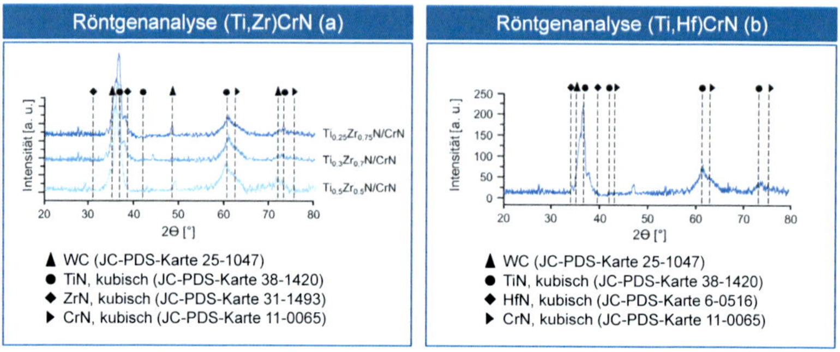

Abbildung 6.3: Röntgenanalyse der drei neu abgeschiedenen (Ti,Zr)/CrN-Schichten (a) sowie der konventionellen (Ti,Hf)/CrN-Beschichtung (b) (IOT RWTH Aachen)

X-ray analysis of the three (Ti,Zr)/CrN-coating (a) and the conventional (Ti,Hf)/CrN-coating (b) (IOT RWTH Aachen)

Die Verbundhaftung zwischen Beschichtung und Substratwerkstoff ist bereits mehrfach als wesentliche Eigenschaft genannt worden. Die Haftfestigkeit der neu entwickelten Beschichtung wurde am Institut für Oberflächentechnik durch zwei unterschiedliche Verfahren analysiert. Das genormte Verfahren nach Rockwell [Vere92] ließ bei der Analyse der Rockwell-Eindrücke aller (Ti,Zr)/CrN-Schichten sowohl auf polierten Hartmetallsubstraten als auch auf Schnellarbeitsstählen keine Delaminationsschäden erkennen. Alle Schichten sind somit der Haftfestigkeitsklasse HF1 zuzuordnen. Zusätzlich wurde anhand derselben Proben die Schichthaftung durch Ritztest nach DIN EN 1071-3 [Deut05] durchgeführt. Der Ritztest (Scratch-Test) dient zur Ermittlung der Haftfestigkeit zwischen Beschichtung und Grundwerkstoff. Ein Diamantstift wird hierzu mit steigender Last über das zu analysierende Schicht-Substrat-System geführt. Die durch den Diamanten entstandene Ritzspur wird anschließend ausgewertet. Bei einer Ritzprüfung können unterschiedliche Schichtdefekte auftreten. Typisch hierbei sind Rissdefekte und Abplatzungen. Mittels mikroskopischer Analyse werden z. B. Schichtablösungen detektiert. Als ein Maß für die Schichthaftung wird die kritische Last ermittelt, bei der erste Schichtabplatzungen zu beobachten sind. Die im Ritztest untersuchten Schichten wiesen alle eine Schichtdicke zwischen 2,8 und 3 μm auf. Die einzelnen Ergebnisse der kritischen Lasten sind Abbildung 6.4 zu entnehmen. Die beste Verbundhaftung ist mit einer maximalen kritischen Lasten bis über 100 N mit dem $Ti_{0,7}Zr_{0,3}$N/CrN in Kombination mit einem WC-Hartmetallsubstrat zu erzielen. $Ti_{0,7}Zr_{0,3}$N/CrN und das konventionelle Schichtsystem $Ti_{0,7}Hf_{0,3}$N/CrN zeigten mit kritischen Lasten von ca. 50 N etwa gleich gute Werte auf einem HSS-Substrat. Dementsprechend kann davon ausgegangen werden, dass die erzielten Verbundhaftungen der neuen Beschichtungen den mechanischen Beanspruchungen in der Kaltmassivumformung sehr gut genügen.

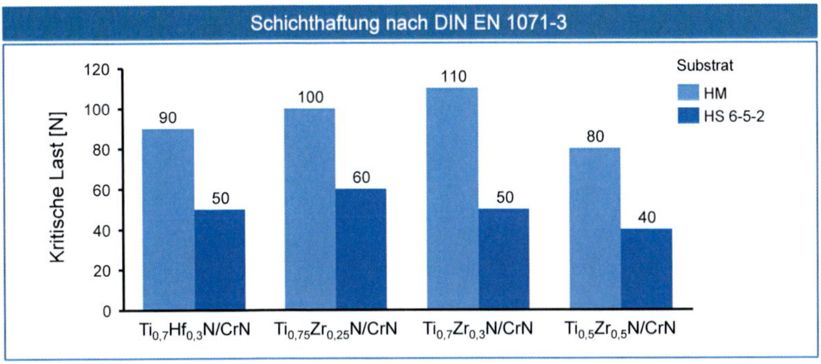

Abbildung 6.4: Gegenüberstellung der Schichthaftungen auf Hartmetall und Schnellarbeitsstahl (IOT RWTH Aachen)

Comparison of the layer adhesion to carbide and high speed steel (IOT RWTH Aachen)

Alle untersuchten Schichtsysteme erreichen auf Schnellarbeitsstahlsubstraten eine kritische Last von mindestens 40 N. Die maximalen Werte erreichten sogar bis zu 60 N. Der deutliche Unterschied in den ermittelten Kritischen Lasten zwischen Schnellarbeitsstahl- und Hartmetall-Substrat ist in dem Härteunterschied der beiden Werkstoffe zu suchen. Die geringere Härte des Schnellarbeitsstahls bietet der PVD-Schicht eine geringere Stützwirkung und ist als Grund für die vergleichsweise niedrige kritische Last zu sehen. Generell ertragen die Schichten mit geringerem Zirkonium-Anteil höhere kritische Scratch-Lasten. Insgesamt zeigen die Schichten $Ti_{0,75}Zr_{0,25}$N/CrN und $Ti_{0,7}Zr_{0,3}$N/CrN ähnliche Schichteigenschaften. Die Ergebnisse liegen auf gleichem Niveau des $Ti_{0,7}Hf_{0,3}$N/CrN-Schichtsystems. Für alle folgenden Versuche wurde daher die $Ti_{0,7}Zr_{0,3}$N/CrN-Schicht herangezogen, da sie in den Versuchsreihen das beste Verhältnis von Härte zu E-Modul zeigte.
Die Abscheidung aller hier beschriebenen Schichtsysteme erfolgte auf einer Laboranlage am IOT der RWTH Aachen. In abschließenden Arbeiten sollte daher noch gezeigt werden, dass ein Upscaling auf eine industrielle Anlage erfolgreich umgesetzt werden kann, ohne eine Veränderung der positiven Eigenschaften des entwickelten Schichtsystems vorzunehmen.

6.1.3 Upscaling

Das Upscaling der auf Laborebene entwickelten Schicht $Ti_{0,7}Zr_{0,3}$N/CrN erfolgte auf einer Beschichtungsanlage der Fa. Oerlikon Balzers vom Typ BAI1200. Die Quellen 1-4 waren mit TiZr 70/30-Targets bestückt, die Quellen 5-8 mit reinen Cr-Targets. Durch die Rotation der Versuchsbauteile entsteht ein Nanolayer mit Lagen zu je ca. 20 nm. Die

im Kapitel 6.1.2 entwickelten Schicht- und Anlagenparameter wurden durch unterschiedliche Prozessanpassungen auf die Randbedingungen der Industrieanlage adaptiert und $Ti_{0,7}Zr_{0,3}$N/CrN-Schichten auf HSS und HM-Substraten abgeschieden. Die Analyse der Schichteigenschaften Härte und E-Modul, Phasenzusammensetzung und die Prüfung der Verbundhaftfestigkeiten des Schichtsystems TiZrN/CrN auf den verschiedenen Substratmaterialein zeigten, dass die Skalierbarkeit des Beschichtungsprozesses nachgewiesen werden konnte.
Insbesondere wurde in REM-Aufnahmen gezeigt, dass die Laborschicht und das Pendant aus der Industrieanlage eine vergleichbare, sehr dichte Schichtmorphologie aufweisen. Die Morphologie der Laborschicht zeigt eine leicht kolumnare Morphologie gegenüber der Industrieschicht, die sich jedoch auf die wesentlichen mechanischen Eigenschaften nicht signifikant auswirken sollte (siehe Abbildung 6.5).

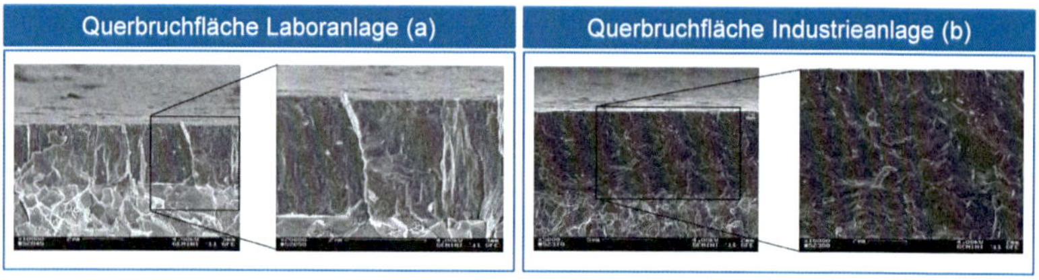

Abbildung 6.5: REM-Aufnahmen der Querbruchfläche des Schichtsystems TiZrN/CrN, hergestellt in der Laboranlage (a) und einer Anlage für den industriellen Einsatz (b) (IOT RWTH Aachen)

SEM images of the fracture surface of the TiZrN/CrN coating prepared in the laboratory system (a) and an industrial coating unit (b) (IOT RWTH Aachen)

6.2 Nanostrukturierte CrN-Decklage

Die Reibung zwischen Werkzeug und Werkstück ist eine wesentliche tribologische Größe in der Kaltmassivumformung und prägt vielfach die Grenzen eines Umformprozesses. Insbesondere bei einer Substitution der Zinkphosphatschicht - die den maßgeblichen Beitrag zur Reduktion der Reibung in der Kaltmassivumformung liefert - müssen technologische Alternativen aufgezeigt werden, die die Prozessreibung auf ein möglichst niedriges Niveau senken. Dass die Reibung in Umformprozessen durch Oberflächenstrukturen in der Kontaktzone beeinflusst wird, indem die Rauheiten als Schmierstoffreservoir dienen können, ist bereits in unterschiedlichen Forschungsarbeiten gezeigt worden [Murr10] [CdP08]. Das zugrunde liegende Prinzip zur Abscheidung einer nanostrukturierten Schicht auf der hier betrachteten PVD-Werkzeugbeschichtung ist in Abbildung 6.6 dargestellt.

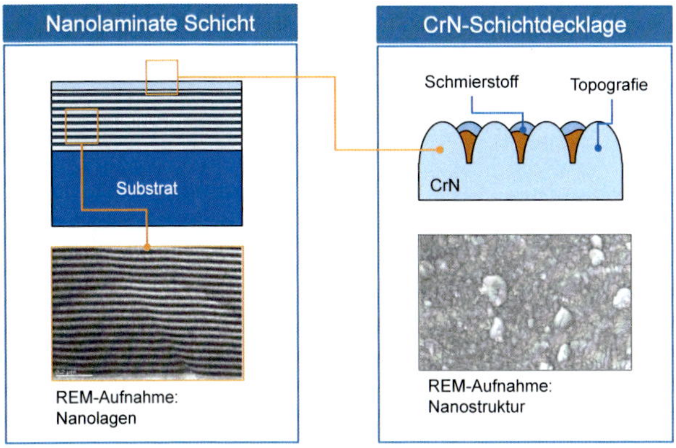

Abbildung 6.6: Nanolaminates Schichtkonzept TiZrN/CrN (a) und CrN-Decklage (b) auf dem TiZrN/CrN-Schichtsystem [CdP08]

Nano laminate coating concept TiZrN/CrN (a) and CrN top-layer (b) on the TiZrN/CrN coating [CdP08]

Als Herausforderung in diesem Zusammenhang ist die fertigungstechnische Applikation dieser Strukturen auf der Werkzeugoberfläche zu sehen. In Anlehnung an die Arbeiten von Colmenares de Piñero [CdP08] erfolgten daher Forschungsarbeiten zur Abscheidung einer reibungsmindernden Schichtoberfläche auf der entwickelten nanolaminaten TiZrN/CrN-Schicht. Als Forschungsfrage stand hier im Raum, ob eine entsprechend strukturierte Decklage die Prozessreibung reduzieren kann und welche Standzeiten unter extremen mechanischen Bedingungen in der Kaltmassivumformung in anspruchsvollen Anwendungen zu erwarten sind. Der Einsatz eines gepulsten Substrat-Bias während der PVD-Schichtabscheidung konnte strukturierte Schichttopografien mit Rauheiten im Nanometerbereich mit Schmierstoffspeicherfunktion erzeugen. Dabei wurde bewusst das vielfach beschriebene Optimum der „glatten“ Schichtoberfläche zur Reibungsreduktion verworfen und unterschiedliche Schichtstrukturen hergestellt. Die Validierung der Hypothese, dass eine strukturierte Decklage auf einer Beschichtung die Reibung positiv beeinflussen kann sowie die Analyse zum Schichtverschleiß der CrN-Decklage erfolgte im Anschluss an die Schichtentwicklung in Form von Tribometerversuchen auf dem in Kapitel 4.2.3 vorgestellten Schwerlast-Stift-Scheibe-Tribometer mit plastischer Gegenkörperdeformation.

6.2.1 Oberflächenstruktur und Benetzungsverhalten

Für die Entwicklung der Deckschicht wurden verschiedene CrN-Monolagen-Schichten unter Variation der Beschichtungsparameter abgeschieden (siehe Abbildung 6.7 (b)). Die Variation der Prozessgrößen Gasdruck, Substratbiasspannung und Modus der Spannungsversorgung (Gleichstrom- oder Pulsbetrieb) sollte hierbei die entsprechenden Schichtvarianten liefern, um hinsichtlich der gewünschten Nanostrukturierung die beste Prozessvariante zu identifizieren. Im Rahmen der analytischen Untersuchungen wurden REM-Aufnahmen der Oberflächen erstellt, anhand derer die Unterschiede von DC- („Direct Current“, Gleichstrom) und gepulster Substratbiasspannung deutlich erkannt werden konnten.

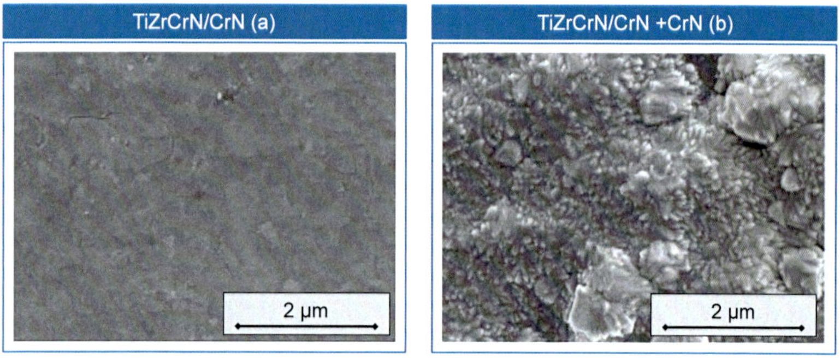

Abbildung 6.7: REM-Aufnahmen einer unstrukturierten Oberfläche (a) und des Schichtsystems TiZrN/CrN+CrN mit nanostrukturierter Oberfläche (IOT RWTH Aachen)

SEM images of an unstructured coating surface (a) and the layer system TiZrN/CrN+CrN with nano-structured top layer (IOT RWTH Aachen)

Abgesehen von den für das AIP-PVD-Verfahren typischen Inhomogenitäten (Droplets) zeigten alle vier DC-Varianten eine ähnlich glatte Oberflächentopographie. Bei der Abscheidung mit gepulster Substratbiasspannung hingegen sind im Vergleich zu den DC-Varianten deutliche Oberflächenstrukturierungen vorhanden. Anhand der Oberflächentopografie und der Ergebnisse kristallisierte sich schließlich die Prozessvariante mit einer gepulsten Substratbiasspannung von -100 V und einem Stickstoffdruck von 1,5 Pa als am besten geeignet heraus, um die Funktion einer schmierstoffspeichernden Deckschicht zu übernehmen. Das Potenzial dieser Oberflächenstruktur zur Speicherung von Schmierstoffen in der Wirkfuge wurde anhand von Kontaktwinkelmessungen mit dem System Tropfenkonturanalyse-System DSA100 der Firma Krüss durchgeführt. Zu bewerten war das Benetzungsverhalten der unterschiedlichen Oberflächen. Berechnet wurde dazu die Grenzflächenspannung σ_{sl} der Schichtsysteme $Ti_{0,7}Zr_{0,3}$N/CrN+CrN (mit Decklage) und $Ti_{0,7}Zr_{0,3}$N/CrN (ohne Decklage) in Kombination mit einem in dieser Arbeit entwickelten Esterschmierstoff (Öl C, siehe Kapitel 7.2.2) und einem Fließpressöl mit einem Polyalphaolefin als Grundöl. Tabelle 6.1 zeigt die polaren und dispersen Anteile der Oberflächenenergie sowie die Grenzflächenspannung zwischen Schicht und Schmierstoff. Die Berechnung der Grenzflächenspannung erfolgte aus den polaren und dispersen Anteilen des Schmierstoffs und der Schicht. Eine gute Benetzbarkeit einer Oberfläche setzt eine möglichst geringe Grenzflächenspannung σ_{sl} voraus [Maßm07].

In den Versuchsreihen konnte gezeigt werden, dass das Benetzungsverhalten der TiZrN/CrN-Schicht ohne Decklage marginal schlechter ist als das mit der strukturierten Decklage. Dies ist zurückzuführen auf die vergrößerte Oberfläche der strukturierten Decklage im Kontakt mit dem Schmierstoff. Hierbei ist davon auszugehen, dass durch die verstärkte Spreitung des Schmierstoffs auf der Oberfläche auch ein größeres Schmierstoffvolumen in den Wirkflächenkontakt zwischen Werkzeug und Werkstück eingebracht werden kann. Dieser Effekt unterstützt zum einen die Reduktion der Prozessreibung und verhindert darüber hinaus ein frühes Abreißen des Schmierfilms bei hohen Umformgraden am Bauteil oder bei der Gefahr von Mangelschmierung.

6.2.2 Reibwert- und Verschleißanalyse im Modellversuch

Das in den Laborversuchen eruierte hohe Potenzial der entwickelten TiZrN/CrN-Schicht zur Vermeidung von Verschleiß sowie die Leistungsfähigkeit der nanostrukturierten CrN-Decklage auf dem TiZrN/CrN+CrN zur Reduktion der Prozessreibung wurden anhand von tribometrischen Versuchsreihen im Schwerlast-Stift-Scheibe-Tribometer am Werkzeugmaschinenlabor WZL der RWTH Aachen analysiert.

Reibwertanalyse

Die Versuchsreihen zur Analyse des Einflusses der strukturierten Decklage auf die Prozessreibung erfolgten anhand einer Gegenüberstellung von Reibwertverläufen im Schwerlast-Stift-Scheibe-Tribometer. Beschichtete Reibstifte (TiZrN/CrN) - sowohl mit als auch ohne Decklage - wurden hierzu unter konstanten Versuchsbedingungen (F_N = 10 kN, v_{rel} = 50 mm/s, Gegenkörper 16MnCrS5, Minimalmengenschmierung Steidle Lubrimat 200) und den im nachfolgenden Kapitel entwickelten Schmierstoffen (Öl A, Polyalphaolefin; Öl C; Ester, (siehe auch Tabelle 7.5)) im tribologischen Kontakt analysiert. Abbildung 6.8 (a)

Tabelle 6.1: Gemessene Oberflächenenergien und Grenzflächenspannungen zwischen Schichtwerkstoff und Schmierstoff
Measured surface energies and interfacial tensions between coating material and lubricant

		Öl A	Öl C	TiZrN/CrN	TiZrN/CrN+CrN
Oberflächenenergie	[mN/m]	33,12	34,50	29,99	30,30
Disperser Anteil	[mN/m]	21,22	28,32	29,52	29,43
Polarer Anteil	[mN/m]	10,75	6,18	0,47	0,87
Grenzflächenspannung	[mN/m]			8,6	7,3

zeigt die im Tribometer ermittelten Reibwertverläufe mit und ohne CrN-Decklage. Alle vier Versuchsreihen zeigen den typischen Reibwertverlauf. Insbesondere konnte beobachtet werden, dass die Reibwerte in den Versuchsreihen mit strukturierter Oberfläche geringer waren als ohne Decklage.

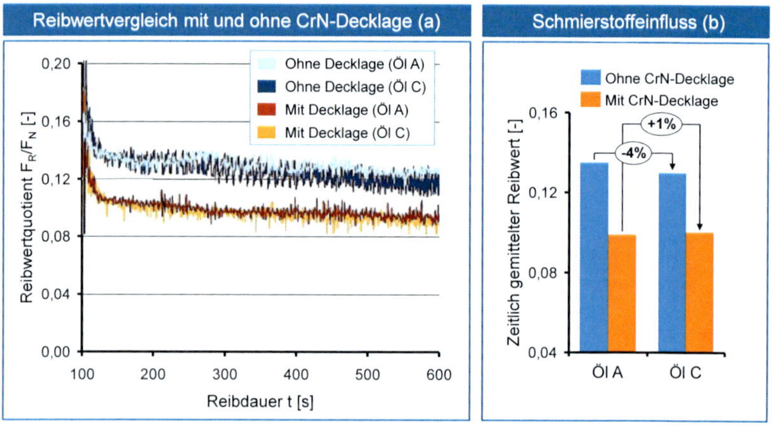

Abbildung 6.8: Reibwertvergleich im Stift-Scheibe-Tribometer zwischen einer Beschichtung mit und ohne Decklage

Comparison of the friction value in pin-on-disk tribometer tests between a coating with and without top layer

Ein Vergleich der gemittelten Reibwerte bei dreimaliger Wiederholung der einzelnen Versuche über die gesamte Reibdauer mit und ohne CrN-Decklage hat gezeigt, dass die Reibung in den Tribometerversuchen mit dem nanostrukturierten CrN-Toplayer um über 20 Prozent gegenüber einer unstrukturierten TiZrN/CrN-Schicht reduziert werden konnte (siehe Abbildung 6.8 (b)). Es wurde außerdem festgestellt, dass der Einfluss des Schmierstoffs auf die Reibungsreduktion unter diesen Versuchsbedingungen keinen signifikanten Einfluss zeigt und lediglich im niedrigen einstelligen Prozentbereich liegt (siehe Abbildung 6.8 (b)). Dies könnte darin begründet liegen, dass sich die rein physikalischen Eigenschaften der Öle (z.B. die kinematische Viskosität) nur marginal voneinander unterscheiden. Eine Auffälligkeit zeigen alle Reibwertverläufe in der stetig leicht sinkenden Kurve. Die Erklärung hierfür liegt in der Messkette des Tribometers und der Drift der verwendeten Ladungsverstärker. Die generelle Vergleichbarkeit der Ergebnisse wird hierdurch jedoch nicht beeinträchtigt.

Verschleißanalyse

Nach einer Versuchsdauer t = 600 Sekunden wurden die Reibproben im REM auf Verschleißerscheinungen im Kontaktbereich der Reibstifte analysiert. Einen gegenüberstellenden Vergleich der Ergebnisse zeigt Abbildung 6.9.

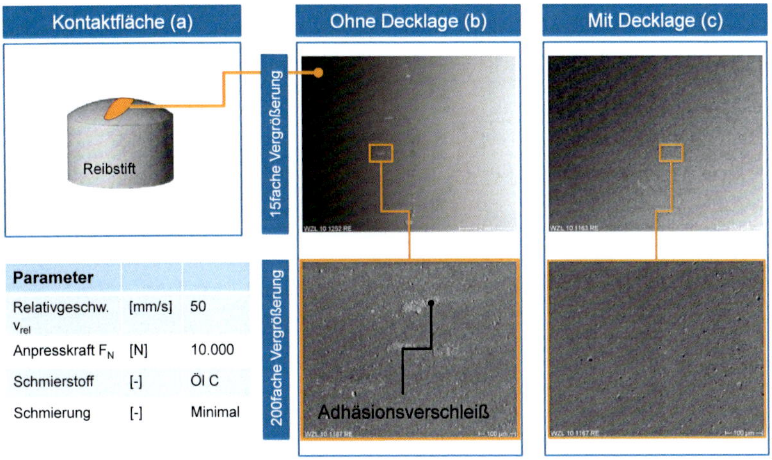

Abbildung 6.9: Gegenüberstellung der Verschleißbilder an einer unstrukturierten Probe (b) und einer Probe mit strukturierter Decklage (c)

Comparison of the wear patterns on an unstructured pin (b) and a pin with structured top layer (c)

Alle untersuchten Stifte mit der neu entwickelten TiZrN/CrN-Schicht wiesen nur marginalen Verschleiß in der Kontaktzone aus (siehe Abbildung 6.9 (a)). Bei einer 200fachen Vergrößerung wurden Materialaufschweißungen von lediglich max. 100 μm im Durchmesser auf der Schichtoberfläche detektiert. Das Schichtsystem TiZrN/CrN zeigte somit in den Tribometeruntersuchungen einen sehr guten Schutz gegen die hohen mechanischen Lasten und den daraus folgenden Verschleißangriff. Nochmals besser zeigten sich die Schichten mit der nanostrukturierten Decklage. Anhand der REM-Analyse konnten nach 600 Sekunden Versuchsdauer und 200fachem Bildzoom nur marginale adhäsive Verschleißmarken festgestellt werden. Auffällig war eine Veränderung der CrN-Decklage im REM in Form von partiellem Abrieb bzw. einer leichten Einglättung der Struktur.

6.3 Substratpräparation zur Steigerung der Verbundhaftung

Ein dauerhafter Verschleißschutz eines mechanisch hochbelasteten Umformwerkzeugs für die Kaltmassivumformung durch eine PVD-Hartstoffschicht erfordert eine sehr gute Verbundhaftung zwischen Hartstoffschicht und dem Werkzeugsubstrat. Neben den Hafteigenschaften der PVD-Schicht wird die Verbundhaftung maßgeblich durch die Oberfläche der zu beschichtenden Werkzeuge beeinflusst. Insbesondere sehr glatte Oberflächen fördern die Verbundhaftung. Unebenheiten in der Oberfläche sowie Rauheiten führen dazu, dass unter hohen mechanischen Lasten Spannungsspitzen an den Rauheitsspitzen auftreten, die zu Schichtdelaminationen im mikroskopisch kleinen Bereich führen. Ausgehend von diesen Bereichen beginnt das Werkzeug anschließend weiter zu verschleißen. Bei Umformwerkzeugen, die einer Beschichtung unterzogen werden sollen, wird daher vor dem Beschichtungsprozess häufig ein Oberflächenfinishing vorgenommen. In den meisten Fällen ist dies ein Polierprozess zum Abtragen von Oberflächenrauheiten aus dem Fertigungsprozess.
Auch wenn in der Kaltmassivumformung heute nur sehr vereinzelt PVD-Beschichtungen auf Werkzeugen zur Anwendung kommen, werden die Werkzeuge generell poliert, um den Verschleißangriff und die Reibung im gebonderten Prozess zu reduzieren. Der typischerweise in Handarbeit ausgeführte Polierprozess führt oftmals zu starken Qualitätsschwankungen hinsichtlich der Oberflächenqualität und als Folge daraus zu reduzierten Werkzeugstandzeiten und einer verminderten Prozessstabilität während des Umformprozesses. Darüber hinaus ist die manuelle Endbearbeitung von Werkzeugen für die Kaltmassivumformung hohen personellen Kapazitäten unterlegen und somit wenig effizient. Maschinelle Methoden, die eine hohe Reproduzierbarkeit des Polierergebnisses ermöglichen, sind auf Basis von Roboterpoliersystemen am Markt verfügbar [Groe08]. Allerdings haben diese Anlagen häufig einen relativ hohen Anschaffungswert und bedingen als autarkes System einen zusätzlichen, zeitaufwendigen und somit kostenintensiven Prozessschritt in der Werkzeugfertigung. Im Folgenden wird daher ein Bürstpolierprozess zur maschinellen, reproduzierbaren Feinbearbeitung von Werkzeugen für die Kaltmassivumformung vorgestellt. Dazu werden die grundlegenden Verfahrenseigenschaften und -potenziale sowie wesentliche Prozessgrenzen, die auf Basis von Forschungsarbeiten im Sonderforschungsbereich SFB 442 Transferprojekt „Bonderfreies Kaltfließpressen“ erarbeitet wurden, diskutiert. [Kloc12, Kloc10a, Kloc10b, Kloc09a]

6.3.1 Bürstpolieren

Bürstpolieren ist ein mechanisch-abrasives Polierverfahren, das aktuell im industriellen Umfeld zur Kantenpräparation an Werkzeugen für die definierte Zerspanung (Wendeschneidplatten/ Spiralbohrer) [Bien09], [Terw11] sowie vereinzelt zur definierten Schneidkantenverrundung von umformtechnischen Scher- und Feinschneidwerkzeugen eingesetzt wird. [Kloc10b], [Murr10] Bei dem Verfahren wird ein Abrasivstoff (in den meisten Fällen in Form einer Diamantpaste) auf eine Trägerbürste, dem Poliermittelträger, appliziert.

Die mechanischen Eigenschaften der Borsten der Trägerbürste sind stark abhängig vom verwendeten Material (Natur- oder Kunstfaser) und beeinflussen den Prozess nicht unwesentlich. Über eine geführte Rotation der Bürste wird eine Relativbewegung zwischen den Diamantpartikeln auf den Borsten und dem Substratwerkstoff des Werkstücks erzeugt. Gleiten die Borsten mit den Diamantpartikeln über den Substratwerkstoff, erfolgt ein Materialabtrag hauptsächlich in abrasiver Form und erzeugt z.B. an Schneidkanten von Zerspanwerkzeugen für die definierte Zerspanung eine gleichmäßig definierte Kantenverrundung im Mikrometerbereich und sehr geringe Oberflächenrauheiten. [CR09], [Damb06]
Substratpräparationen in dieser oder ähnlicher Form sind die grundlegende Voraussetzung für eine adäquate Schichthaftung einer PVD-Hartstoffschicht auf einer mechanisch hoch belasteten Werkzeugoberfläche. Bürsten als Träger eines Poliermittels haben gegenüber alternativen Medien (z.B. Filz) den wesentlichen Vorteil, dass sich jede einzelne Borste unter Last individuell elastisch verformen und sich somit auch sehr komplexen Bauteilkonturen anpassen kann. Daraus resultiert in vielen Anwendungen ein quasi isostatischer Anpressdruck von jeder einzelnen Borste auf das Poliermedium, was somit zu einem homogenen Abtrag führt. Generell kann das Verfahren aus mathematischer Sicht durch die für das konventionelle Polieren etablierte Preston-Hypothese analytisch beschrieben werden (siehe Formel 6.1).

$$\frac{d_z}{d_t} = v_r \cdot p \cdot k_P \tag{6.1}$$

Nach Preston ist das pro Zeiteinheit abgetragene Materialvolumen dz/dt abhängig von den Parametern Polierdruck p, Relativgeschwindigkeit v_r zwischen Werkstück und Poliermittelträger und einer Konstante k_p, der Preston-Konstante. Durch die Konstante werden Parameter beschrieben, die die Einflüsse des Poliersystems zusammenfassen, bestehend aus Poliermittelträger, Diamantpaste, Werkstück- und Maschineneigenschaften (siehe Formel 6.1). [Pres27], [Brin11]
Bisher gibt es keine Verfahrens- und Werkzeugkonzepte für einen Einsatz des maschinellen Bürstpolierens zur reproduzierbaren Herstellung von hohen Oberflächengüten an typischen Werkzeugen (Fließpressstempel und -matrize) für die Kaltmassivumformung. Zur wirtschaftlichen Feinbearbeitung von beschichteten Werkzeugen für die zinkphosphatfreie Kaltmassivumformung verspricht das Bürstpolieren jedoch eine sehr hohe Oberflächengüte, die die notwendige Verbundhaftung zwischen Beschichtung und Substratwerkstoff prozesssicher gewährleistet. Gegenüber den heutigen industriellen Standards, entsprechende Werkzeuge manuell zu „finishen“, sollte außerdem die Reproduzierbarkeit des Prozessergebnisses gesteigert werden können.

6.3.2 Versuchsbeschreibung und experimentelle Ergebnisse

Das aus der konventionellen Kantenpräparation von Zerspanwerkzeugen (Wendeschneidplatten) bekannte Bürstpolieren eignet sich aufgrund des hier genutzten Maschinenkonzepts

und der verwendeten Bürstenformen (Tellerbürsten) sowie der Prozessführung nicht zur Bearbeitung von Werkzeugen für die Kaltmassivumformung. Typisch für die Kaltmassivumformung sind schlanke, achsensymmetrische Fließpressstempel mit flächigen Mantelflächen, die u.a. mehrfach abgesetzt sind sowie achsensymmetrische Fließpressmatrizen, die ebenfalls Kanten und Absätze an der Mantelfläche aufweisen können.
Auf die Anforderungen der Kaltmassivumformung zugeschnitten, wurden in dieser Arbeit mit der Zirkularbürste (siehe Abbildung 6.10) und der Flaschenbürste (siehe Abbildung 6.13) zwei alternative Bürstengeometrien entwickelt, die in Bearbeitungszentren in Standardaufnahmen und -vorrichtungen eingesetzt werden können. Somit muss an dieser Stelle keine weitere Investition in eine Maschine erfolgen, sondern der Polierprozess kann in einer Aufspannung des Werkstücks nach einem Schleif- oder Hartdrehprozess durchgeführt werden. Die Zirkularbürste ist für die Bearbeitung von achsensymmetrischen Außenkonturen zugeschnitten. Das hier entwickelte Verfahren wird als Außenrund-Bürstpolieren bezeichnet. Die Form der Flaschenbürste ermöglicht das Polieren von Matrizenbohrungen und rotationssymmetrischen Innenkonturen, wie sie typischerweise an Fließpresswerkzeugen vorzufinden sind.
Zunächst wurde für beide Bürstentypen in exemplarischen Vorversuchen analysiert, welche Oberflächenrauheiten generell mit diesem Poliersystem unter den gegebenen Voraussetzungen bei der Bearbeitung flächiger Geometrien erzielt werden können. In der anschließenden Parametervariation wurden Polierzeit t, Polierdruck p, Relativgeschwindigkeit v_r und Anstellwinkel zwischen Werkzeug und Werkstück variiert, wobei der Polierdruck beim Bürstpolieren über die Zustellung a zwischen Werkzeug- und Werkstückachse variiert wird (siehe Abbildung 6.10). Dies ermöglichte eine detaillierte Beschreibung der Wirkzusammenhänge beim Bürstpolieren zwischen den wesentlichen Prozessparametern und dem Abtragsverhalten und der Oberflächenrauheit am Bauteil sowie eine Darstellung der Verfahrenseigenschaften, -potenziale und -grenzen. Für die einzelnen Versuchsreihen wurden geometrisch einfache Analogiewerkzeuge gefertigt, die sich hinsichtlich des Werkstoffs (HSS Böhler S390mc, 60 ± 2 HRC) und der Werkzeugrandzone (geschliffen) nicht von industriell eingesetzten Werkzeugen unterscheiden. Die Oberflächenrauheit auf den Analogiewerkzeugen war in den hier durchgeführten Versuchsreihen die zu untersuchende Zielgröße. Aus bisherigen Forschungsergebnissen und dem Stand der Technik geht hervor, dass die gemittelte Oberflächenrauheit auf Werkzeugen, die einer Beschichtung mittels PVD-Beschichtung unterzogen werden sollen, einen Grenzwert von Rz = 0,5 μm nicht überschreiten sollten, um eine ausreichende und prozesssichere Schichthaftung sicherstellen zu können. Wird bei dieser Fragestellung die VDI Richtlinie 3198 zugrunde gelegt, ist eine Oberflächenrauheit auf dem zu beschichtenden Werkzeug von Rz = 1,0 μm bereits ausreichend. [Vere92]. Dieser Wert wird allerdings aufgrund weitreichender eigener Erfahrungen kritisch gesehen und als zu hoch eingestuft. Zielführende Werte für eine gute Schichthaftung bei mechanisch hoch belasteten Umformwerkzeugen sollten Rz = 0,2 μm nicht überschreiten.
Die Messung der gemittelten Rauheitswerte Rz an den geschliffenen und polierten Analogiebauteilen erfolgte jeweils an vier unterschiedlichen Stellen auf dem Proben- bzw. Bohrungs-

umfang, orthogonal zur Schleif- bzw. Hartdrehrichtung und in einem Umfangswinkel von 90° zueinander. Die vier Einzelwerte wurden anschließend arithmetisch gemittelt und der Mittelwert in die Diagrammdarstellung übernommen. In den folgenden Kapiteln werden zunächst die Verfahrensbesonderheiten und -potenziale des Außenrund-Bürstpolierens diskutiert und anschließend das Innenrund-Bürstpolieren erörtert.

Außenrund-Bürstpolieren

Für die Bearbeitung von Außenkonturen an Fließpressstempeln wurde in dieser Arbeit die neue Verfahrensvariante des Außenrundbürstens entwickelt. Die hierzu entwickelte Zirkularbürste, bei der rotatorisch angeordnete Borsten in einem Polyurethangrundkörper fixiert sind, ist in Abbildung 6.10 (a) abgebildet. Die Bürstenparameter (Borstentyp, Bürstendurchmesser, Bürstenlänge und -breite, Borstenlänge, etc.) können nach Herstellerangaben in einem breiten Spektrum variiert werden.

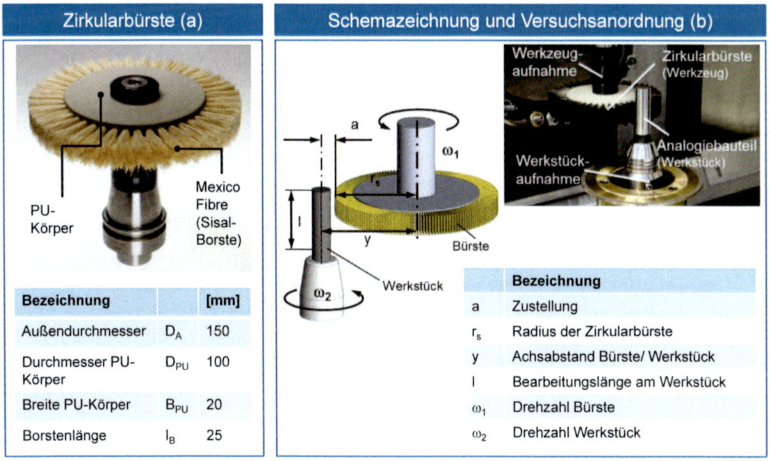

Abbildung 6.10: Abmessungen der Zirkularbürste (a) und Schemazeichnung der Prozessanordnung sowie grundlegende Verfahrensparameter (b)

Dimensions of the circular brush (a) and schematic drawing of the process as well as basic process parameters (b)

Als Analogiewerkstück zu einem Fließpressstempel wurden zylindrische Stahlrohlinge mit einem Durchmesser von 20 mm aus vakuumgehärtetem pulvermetallurgischen Schnellarbeitsstahl (Böhler S390mc) mit einer Härte von 60±2 HRC eingesetzt. Die zu polierende Mantelfläche der Rohlinge wurde, analog zur Fertigung von konventionellen

Fließpresswerkzeugen, vor dem Bürstpolierprozess in Umfangsrichtung außenrund geschliffen. Damit konnte u.a. sichergestellt werden, dass die Analogiewerkstücke eine definierte Ausgangsrauhigkeit von Rz $\approx$ 2 μm aufweisen. Somit wurden vergleichbare Randbedingungen für die Messung der Oberflächenrauheiten nach dem Bürstpolieren geschaffen. Das Borstenmaterial bestand aus einer sisalartigen Naturfaser (Mexico-Fibre-Borste). Dieser Borstentyp hatte bereits in Forschungsarbeiten zur Kantenpräparation von Feinschneidstempeln sehr gute Ergebnisse gezeigt und versprach daher auch ein hohes Potential für das Polieren von Oberflächen für die Kaltmassivumformung. [Kloc10b], [Murr10] Als Polierpaste kamen in ein silikonfreies Trägerfett eingebettete Diamantpartikel mit einer durchschnittlichen Korngröße von 2 - 4 μm im Durchmesser zur Anwendung. Analogiewerkstück und Zirkularbürste drehten bei allen Versuchen im Gegenlauf zueinander. Die Werkstückdrehzahl ω_2 wurde nicht variiert und rotierte mit einer konstanten Drehzahl von ω_2 = 400 min^{-1}, während die Bürstendrehzahl ω_1 in den Versuchsreihen variiert wurde. Die Vorschubgeschwindigkeit der Bürste v_{fB} in z-Achsenrichtung zur Bearbeitung der gesamten Mantelfläche wurde bei 80 mm/min konstant gehalten. Alle hier beschriebenen Forschungsarbeiten zum Außenrund-Bürstpolieren erfolgten auf einer Werkzeugschleifmaschine S22P Turbo der Fa. Michael Deckel.

Zunächst wurde in Vorversuchen gezeigt, dass es mittels Außenrund-Bürstpolieren möglich ist, eine reproduzierbare, beschichtungsgerechte Werkzeugoberfläche mit der minimalen geforderten Oberflächenrauheit von Rz < 0,5 μm zu fertigen. Bereits die initial gewählten Prozessparameter (siehe Abbildung 6.11 links) führten dazu, dass die geschliffene Oberflächenrauheit von Rz $\approx$ 2 μm auf Rz $\approx$ 0,13 μm nach dem Bürstpolieren reduziert werden konnte. Dabei lag die mittlere statistische Abweichung der Ergebnisse zwischen 6,2 und 11,1 Prozent.

Bei den experimentellen Versuchen konnte ein minimaler Grenzwert der Oberflächenrauheit von ca. Rz $\approx$ 0,13/ 0,12 μm nicht verbessert werden, unabhängig von der Dauer der Polierzeit t. Generell haben die Ergebnisse gezeigt, dass eine Steigerung der Zustellung a nach der Theorie von Preston als Äquivalent zum Anpressdruck p gelten kann und die Polierdauer t deutlich beeinflusst. Bei den hier dargestellten Ergebnissen kann der lineare Einfluss, den der Polierdruck in der Preston-Gleichung hat, nicht nachgewiesen werden, da der verfahrene Polierweg l der Zirkularbürste während der Auf- und Abwärtsbewegung einen Einfluss auf das Ergebnis hat.

Während der Versuchsdurchführung hat sich herauskristallisiert, dass die Sisalborsten bei Zustellungen von a > 1 mm extremen mechanischen Belastungen unterliegen. Insbesondere wenn gleichzeitig sehr hohe Bürstendrehzahlen ω_1 angewendet werden. Bei einer Zustellung a = 2 mm sind zwar sehr hohe Abtragsraten und somit auch eine hohe Oberflächengüte nach kurzer Prozessdauer möglich, allerdings lösen sich entweder die Borsten aus dem PU-Grundkörper oder zerfasern am Borstenende durch die extremen mechanischen Belastungen beim Auftreffen auf den Schnellarbeitsstahl.

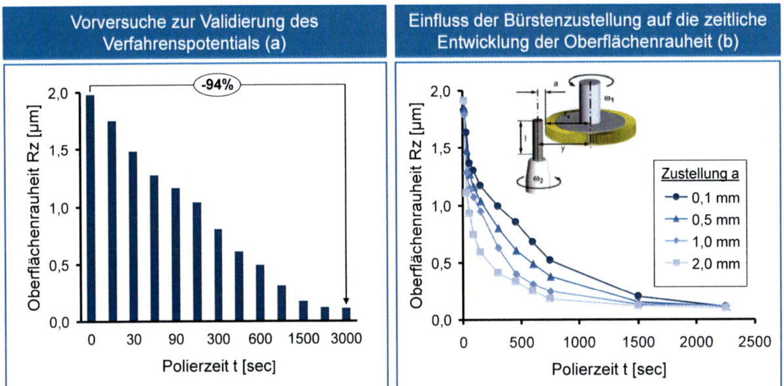

Prozessparameter		Prozessparameter	
Borstenmaterial:	Mexico Fibre	Bürstendrehzahl:	600 1/min
Diamantkörnung:	2 – 4 µm	Werkstückdrehzahl:	400 1/min
Zustellung a	0,3 mm	Anstellwinkel	0°

Prozessparameter		Prozessparameter	
Borstenmaterial:	Mexico Fibre	Bürstendrehzahl:	600 1/min
Diamantkörnung:	2 – 4 µm	Werkstückdrehzahl:	400 1/min
Zustellung a	variabel	Anstellwinkel	0°

Abbildung 6.11: Grundlagenuntersuchungen zum Verfahrenspotenzial (a) und Einfluss der Zustellung (b) auf die zeitliche Veränderung der mittleren Oberflächenrauheit Rz beim Außenrund-Bürstpolieren

Results for process qualification (a) and influence of the infeed (b) to the time depending average surface roughness Rz change

Es empfiehlt sich bei fast gleicher Abtragsrate daher eine Zustellung von a = 1 mm bei deutlich reduziertem Borstenverschleiß. Dieser Wert wurde anschließend auch für alle weiteren Versuchsreihen verwendet. In weiterführenden Analysen wurde nun erforscht, durch welche Prozessparameter sich die Oberflächenqualität am Analogiebauteil verbessern lässt und welche Wirkmechanismen hierfür verantwortlich sind. Dabei stand u.a. die Frage im Raum, wie sich die Wirtschaftlichkeit des Prozesses steigern lässt, ohne die Reproduzierbarkeit der Ergebnisse zu reduzieren.
Zunächst wurde die Bürstendrehzahl ω_1 und eine Veränderung dieser auf das Prozessergebnis betrachtet. Hierzu wurde die Drehzahl der Bürste ω_1 zwischen 200 min^{-1} und 1500 min^{-1} variiert. Wie in Abbildung 6.12 (a) ersichtlich, wird mit steigender Bürstendrehzahl der Polierprozess deutlich beschleunigt. Auch dieses Ergebnis kann mit der Theorie von Preston erklärt werden, da mit steigender Drehzahl auch die Relativgeschwindigkeit v_r zwischen der Zirkularbürste und der rotierenden Oberfläche der Analogiebauteile zunimmt.

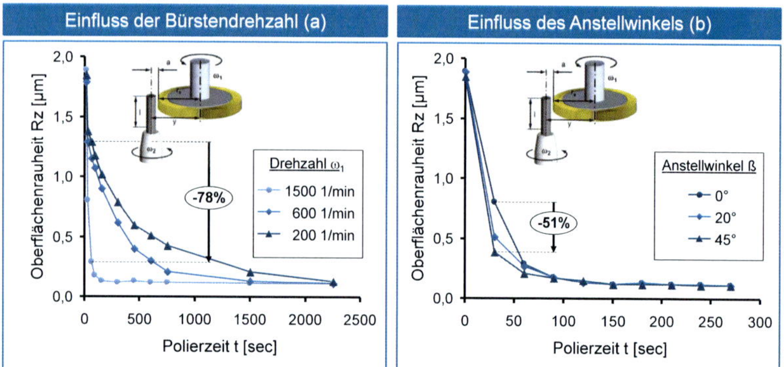

Prozessparameter		Prozessparameter	
Borstenmaterial:	Mexico Fibre	**Bürstendrehzahl:**	variabel
Diamantkörnung:	2 – 4 µm	**Werkstückdrehzahl:**	400 1/min
Zustellung a	1 mm	**Anstellwinkel**	0°

Prozessparameter		Prozessparameter	
Borstenmaterial:	Mexico Fibre	**Bürstendrehzahl:**	1500 1/min
Diamantkörnung:	2 – 4 µm	**Werkstückdrehzahl:**	400 1/min
Zustellung a	1 mm	**Anstellwinkel**	variabel

Abbildung 6.12: Einfluss der Bürstendrehzahl ω_1 (a) und des Anstellwinkels β zwischen Bürste und Werkstück (b) auf die zeitliche Entwicklung der mittleren Oberflächenrauheit Rz beim Außenrund-Bürstpolieren

Influence of the brush speed ω_1 (a) and the tool angle β between brush and workpiece (b) on the evolution of the surface roughness Rz

Eine Gegenüberstellung der einzelnen untersuchten Einflussgrößen zeigt, dass die Bürstendrehzahl unter den signifikanten Parametern den größten Einfluss auf den Volumenabtrag am Werkstück hat. Vergleicht man die Oberflächenrauheit nach einer Polierzeit von $t = 20$ s, so ist der gemessene Rz-Wert bei einer Bürstendrehzahl von $1 = 1500$ min^{-1} lediglich noch gut halb so groß wie der bei einer Bürstendrehzahl $\omega_1 = 200$ min^{-1}. Der minimale Rz-Wert wird bei der hohen Drehzahl bereits nach gut 100 Sekunden erreicht. Für die gleiche Oberflächenqualität ist bei der geringsten Drehzahl die 20fache Zeit erforderlich. Wiederum konnte auch durch eine Variation der Bürstendrehzahl ω_1 kein Einfluss auf die minimal erzielbare Oberflächenrauheit genommen werden, die wie zuvor auch bei Rz $\approx 0{,}12$ μm gegen einen Grenzwert lief. Mit Blick auf die Wirtschaftlichkeit des Bürstpolier-Verfahrens wäre eine möglichst hohe Bürstendrehzahl und somit auch hohe Abtragsleistung zu wählen. Der limitierende Faktor liegt in der losen Bindung zwischen der Diamantpaste und der Sisalfaser. Bei Bürstendrehzahlen $\omega_1 > 1500$ min^{-1} ist durch die hohen rotatorischen Fliehkräfte mit einem drastischen Verlust von Diamantpartikeln zu rechnen, so dass dieser Prozessbereich unter wirtschaftlichen Gesichtspunkten aufgrund der hohen Kosten der Diamantpaste nicht mehr sinnvoll ist.

Darüber hinaus wurde in den Versuchsreihen der Frage nachgegangen, ob ein Anstellen der Bürstenachse relativ gesehen zu den Umfangsschleifriefen auf dem Analogiewerkzeug eine bessere Oberflächenrauheit generiert oder die Abtragsleistung nochmals steigern kann. Durch eine Anstellung der Bürstenrotationsachse in drei Stufen zwischen $\beta = 0°$ und $\beta = 45°$ unter ansonsten konstanten Prozessparametern ($\omega_1 = 1500$ min^{-1}, Zustellung a = 1 mm) konnte gezeigt werden, das die Abtragsleistung insbesondere zu Prozessbeginn nochmals deutlich erhöht werden kann (siehe Abbildung 6.12 (b)). Schon bei $\beta = 20°$ kann dieser Effekt bereits beobachtet werden, bei $\beta = 45°$ ist er signifikant. Allerdings lediglich bei geringen Polierdauern t. Mit sinkender Oberflächenrauheit Rz nimmt auch der Effekt einer schnelleren Oberflächeneinglättung durch eine Anstellung der Bürstenachse zur Werkstückachse ab. Dies ist vermutlich dadurch zu erklären, dass bei hohen Rauheitsspitzen ein Überstreifen der Borsten orthogonal zu den Schleifriefen einen höheren Materialabtrag erzeugt als ein Polieren in Schleifriefenrichtung ($\beta = 0°$). Dieser Effekt nimmt mit zunehmender Einglättung der Rauheitsspitzen ab. Aus wirtschaftlicher Sicht ist ein Anstellen der Werkzeugachsen daher nicht sinnvoll, wenn eine minimale Oberflächenrauheit das Prozessziel darstellt. Ein Einfluss des Anstellwinkels β auf die minimale Oberflächenrauheit Rz konnte ebenfalls nicht festgestellt werden.

Innenrund-Bürstpolieren

Eine hohe Anzahl umformtechnischer Aktivelemente für die Kaltmassivumformung hat einen rotationssymmetrischen Aufbau in Form einer Bohrung, die häufig mehrfach in axialer Richtung abgesetzt ist. Die geringen Durchmesser dieser Bohrungen erlauben es nicht, einen Polierprozess der inneren Mantelflächen mittels Zirkularbürste durchzuführen, da die minimalen Durchmesser von Zirkularbürsten bei $D_B \approx 80$ mm liegen. Das Gros der industriell eingesetzten Matrizenbohrungen liegt deutlich unterhalb dieses Durchmessers. Für diese Bearbeitungsaufgabe wurden daher erstmals sogenannte Flaschenbürsten mit Sisalborstenbesatz entwickelt und für Forschungsaufgaben eingesetzt (siehe Abbildung 6.13), mit denen auch geringe Bohrungsdurchmesser ($D_{Bohrung} < 10$ mm) bei sehr großen Aspektverhältnissen bearbeitet werden können.
In den Versuchen wurden die Länge l_{AB} und die Durchmesser $D_{1...n}$ der Analogiebauteile so gewählt, dass die gesamte Mantelfläche der Matrizenbohrung zeitgleich bearbeitet wurde, so dass während der Bearbeitung überall und zu jedem Zeitpunkt ein Kontakt zwischen Bürste und Bohrungsmantelfläche der Analogiebauteile vorliegt. Dies ist ein wesentlicher Unterschied zu den Versuchsreihen zum Außenrund-Bürstpolieren, wo nur ein kleiner Teil der Stempelmantelfläche im Kontakt mit der Bürste steht. Durch die gleichzeitige Bearbeitungsstrategie beim Innenrund-Bürstpolieren ist eine nochmals gesteigerte Effizienz bei der Polierbearbeitung gegenüber dem Außenrund-Verfahren zu erwarten. In den beschriebenen Versuchsreihen wurde standardmäßig ein Bürstendurchmesser von $D_B = 40$ mm eingesetzt. Entsprechend den Versuchsreihen zum Außenrund-Bürstpolieren erfolgten die Versuche bei der Bearbeitung der Innenkonturen an pulvermetallurgischen Schnellarbeitsstahlproben (Böhler S390mc), die auf 60±2 HRC vakuumgehärtet wurden. Aufgrund der schlechten Zugänglichkeit in der Bohrung konnte die Mantelfläche nicht geschliffen werden und musste

durch eine Hartdrehoperation auf einen definierten und reproduzierbaren Ausgangszustand mit einem reproduzierbaren mittleren Rauheitswert zwischen Rz = 1,2 μm und 1,4 μm gefertigt werden. Die Ausgangsrauheit bei diesen Versuchsreihen lag daher etwas niedriger als bei denen der Außenrund-Bürstpolierversuche.

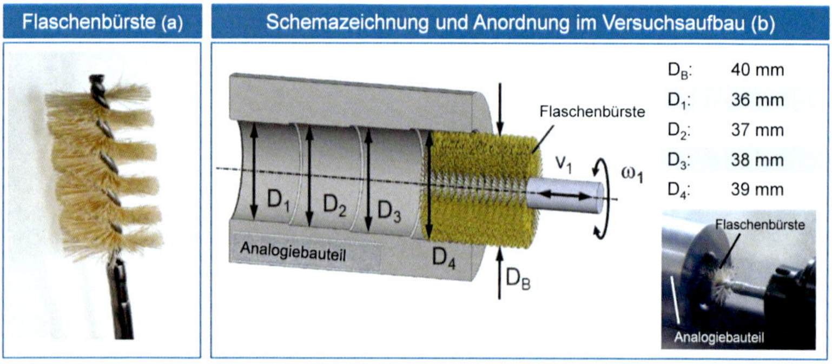

Abbildung 6.13: Lichtbild einer sisalbesetzten Flaschenbürste (a) und schematische Versuchsanordnung mit Abmessungen der Analogieproben (b)

Photo of a bottle brush (a) and scheme of the test arrangement with analogous sample (b)

Der Anpressdruck p ist bei der Innenrund-Verfahrensvariante nicht durch eine Zustellung zu realisieren, da die Borsten lediglich über einen verdrillten Draht in ihrer Position gehalten werden und die Biegesteifigkeit des Drahtes nicht ausreicht, die notwendige Variation der Kontaktkraft zwischen Bauteil und Bürste aufzubringen. Daher wurden zur Analyse des Einflusses des Anpressdrucks p auf das Polierergebnis gestufte Proben mit unterschiedlichem Innendurchmesser verwendet (siehe Abbildung 6.14 (b)). Bei konstantem Durchmesser der Bürste D_B konnten somit mehrere Zustellungen a respektive Anpressdrücke p über die Durchmesserdifferenzen von Bürste und Werkzeug in einer Aufspannung untersucht werden. Eine CNC-gesteuerte Werkzeugdrehmaschine diente zur Führung und zum Antrieb der Bürste durch eine angetriebene Werkzeugaufnahme. Die Analogieproben wurden in einem Backenfutter am Hauptantrieb fixiert. Bereits anhand der ersten Versuchsreihen zum Innenrund-Bürst-Polieren bei einer konstanten Bürstendrehzahl ω_1 konnte gezeigt werden, dass auch bei der Innenkonturbearbeitung eine sehr hohe Oberflächenqualität reproduzierbar möglich ist (Abbildung 6.14 (b)). Die erstmalig verwendeten Flaschenbürsten wurden unter konstanten Prozessparametern (siehe Tabelle Abbildung 6.14 (b)) und einer leichten translatorischen Pendelbewegung (v_{fl} = 0,1 m/min) in der Bohrung des Versuchswerkstücks verfahren.

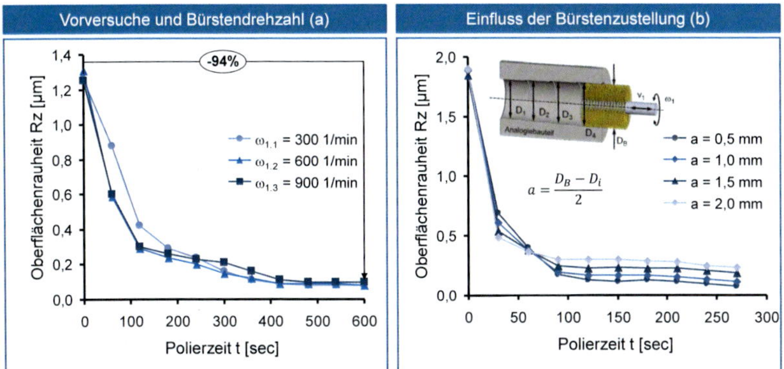

Prozessparameter		Prozessparameter	
Borstenmaterial	Mexico Fibre	Bürstendrehzahl	variabel
Diamantkörnung	2 – 4 µm	Werkstückdrehzahl	0,0 1/min
Zustellung a	1 mm	Anstellwinkel β	0°

Prozessparameter		Prozessparameter	
Borstenmaterial	Mexico Fibre	Bürstendrehzahl	300 1/min
Diamantkörnung	2 – 4 µm	Werkstückdrehzahl	0,0 1/min
Zustellung a	variabel	Anstellwinkel β	0°

Abbildung 6.14: Grundlagenuntersuchungen zum Verfahrenspotenzial (a) und Einflussanalyse der Bürstenzustellung (b) auf die zeitliche Veränderung der Oberflächenrauheit beim Innenrund-Bürstpolieren

Evaluation of the general process performance (a) and impact of the brush infeed (b) on the time depending change of the surface roughness

Die erzielten Oberflächenrauheiten waren beim Innenrund-Bürstpolieren deutlich besser (min. Rz ≈ 0,08 - 0,10 µm) als bei der Außenrund-Bearbeitung, wobei die mittlere statistische Abweichung der Ergebnisse zwischen 5,8 und 9,9 Prozent lag. In der direkten Gegenüberstellung zur Ausgangsrauheit folgert hieraus eine Reduktion um knapp 94 Prozent. Das Ergebnis lag nach einer Bearbeitungszeit von lediglich sechshundert Sekunden vor und bezieht sich auf die Bearbeitung des gesamten Analogiewerkzeugs. Bei der Analyse des Einflusses der Bürstendrehzahl auf den Polierprozess wurde die Bürstendrehzahl in drei Stufen zwischen $\omega_1 = 300$ min^{-1} und $\omega_1 = 900$ min^{-1} variiert. Hier wurde zunächst festgestellt, dass bei hohen Drehzahlen ω_1 die Temperatur im Kontakt zwischen Werkzeug und Werkstück signifikant steigt. Eine Entnahme der polierten Analogiebauteile aus der Maschine direkt nach dem Prozess war bei $\omega_1 = 900$ min^{-1} ohne Handschuhe nicht möglich. Die hohen Temperaturen bei Bürstendrehzahlen von ω_1 » 300 min^{-1} sind auf die wirkende Reibung zwischen Werkzeug und Werkstück zurückzuführen. Die fettbasierte Diamantpaste verliert ihre hochviskose Eigenschaft und fließt aus der Kontaktzone heraus. Zusätzlich verschleißen die Borsten bei den hohen Temperaturen deutlich schneller. Beide Effekte senken wiederum die Wirtschaftlichkeit des Prozesses. Daher sind Bürstendrehzahlen ω_1 » 300 min^{-1} nicht zielführend. Hieraus erklärt sich u.a. auch, dass die Abtragsleistung bei einer Verdreifachung der Bürstendrehzahl nicht signifikant gesteigert werden konnte. Der Prozessparameter ω_1 wurde daher für alle weiteren Versuchsreihen zu 300 min^{-1} definiert. In anschließenden Versuchen mit dem Fokus Anpressdruck p zwischen Werkzeug und Werkstück wurde die Zustellung a zwischen 0,5 und 2,0 mm variiert. Dabei konnte gezeigt werden, dass mit steigendem Anpressdruck p bzw. steigender Zustellung a die Oberflächenqualität wider Erwarten abnimmt. Zwar wurde festgestellt, dass nach der Theorie von Preston das Abtragsvolumen bei höherer Zustellung steigt, die maximal erzielbaren Oberflächenrauheiten jedoch gegenüber einer geringen Zustellung höher liegen (bis zu Rz $\approx$ 0,2). Dieses Verhalten ist konträr zu den bisherigen Erkenntnissen aus den Außenrund-Versuchen, wo kein Einfluss der Zustellung auf die Oberflächenqualität nachvollzogen werden konnte. Eine Erklärung hierfür könnte darin liegen, dass sich die Borsten der Flaschenbürste bei der Innenbearbeitung aufgrund der räumlichen Platzverhältnisse gegenseitig deutlich stärker beeinflussen und daher höhere mechanische Lasten auf die Diamantpartikel auf die Oberfläche ausüben. Das führt zu einem tieferen Eindringen der Diamantpartikel in die Substratoberfläche und einer gesteigerten Furchung, die sich in einer reduzierten Qualität der Werkstückoberfläche widerspiegelt.

Fazit: In den vorgestellten Versuchsreihen konnte gezeigt werden, dass das Bürstpolieren eine zielführende und sehr wirtschaftliche Möglichkeit zur reproduzierbaren Herstellung von beschichtungsgerechten Werkzeugoberflächen rotationssymmetrischer Werkzeuge für die Kaltmassivumformung darstellt. Die erzielbaren Oberflächenrauheiten zwischen Rz = 0,08 - 0,12 μm liegen deutlich unter denen nach Stand der Technik geforderten Werten für eine Werkzeugoberfläche, die durch das PVD-Verfahren beschichtet werden soll. Mit Prozessdauern von einigen wenigen Minuten ist die Substratpräparation sehr effizient, zumal die eingesetzten Werkzeuge kostengünstig sind und mit geringem Aufwand auf konventionellen Werkzeugmaschinen oder Bearbeitungszentren eingesetzt werden können.

7 Schmierstoffentwicklung

Lubricant development

Die stark veränderten tribologischen Randbedingung des in dieser Arbeit entwickelten tribologischen Systems zum zinkphosphatfreien Kaltfließpressen gegenüber dem konventionellem Prozess mit Bonderschicht auf dem Halbzeug erfordert insbesondere eine grundlegende Betrachtung des Schmierstoffkonzeptes. Herkömmliche Fließpressöle sind auf die Trennung der Werkstoffpaarung Stahl-Stahl respektive Stahl Bonderschicht optimiert. Bei der Anwendung einer keramikbasierten, inerten PVD-Hartstoffschicht auf dem Umformwerkzeug verändern sich die Anforderungen an den Schmierstoff daher maßgeblich. Darüber hinaus sind konventionelle Fließpressöle fast immer mit umweltbelastenden Additiven versehen, die die Ökobilanz des gesamten Prozesses deutlich herabsetzen. Aus Forschungsarbeiten im Sonderforschungsbereich SFB 442 der Deutschen Forschungsgemeinschaft ist bekannt, dass Esteröle ein hohes Potential bieten, konventionelle Schmierstoffe abzulösen, wenn die vorherrschende Verschleißmechanismen Adhäsion und Abrasion am Werkzeug durch eine Hartstoffbeschichtung übernommen werden können [Murr10]. Allerdings ist bis heute noch nicht verstanden, wie die Wirkmechanismen in esterbasierten Schmierstoffen im tribologischen Kontakt zwischen einer Stahloberfläche und einer chemisch inerten, keramikbasierten Hartstoffschicht erklärt werden können. Dies machte bisher die zielgerichtete Entwicklung von ökologisch unbedenklichen Esterschmierstoffen für die zinkphosphatfreie Kaltmassivumformung unmöglich.

Dieses Kapitel stellt Ergebnisse aus der Entwicklungsarbeit zur Komposition eines esterbasierten Schmierstoffs vor, der sowohl den tribologischen, aber auch ökologischen Anforderungen in der zinkphosphatfreien Kaltmassivumformung gerecht wird. Aus technologischer Sicht müssen hierzu spezifische Anforderungen umgesetzt werden, die durch die chemische Komposition und die physikalischen Eigenschaften der Öle zu erfüllen sind. Die wesentlichen Forschungsfragen, die hierbei beantwortet werden sollen, können wie folgt formuliert werden:

- Können konventionelle, auf Mineralöl basierende Schmierstoffkonzepte die komplexen Anforderungen der zinkphosphatfreien Kaltumformung aus tribologischer und ökologischer Sicht erfüllen?
- Welches Potenzial haben Grundöle auf Esterbasis, die Leistungsfähigkeit des Schmierstoffs gegenüber konventionellen, mineralölbasierten Konzepten zu steigern?
- Welche Ester erzielen die höchste Leistungsfähigkeit in dem betrachtenten tribologischen System und wie können die wirksamen tribologischen Mechanismen der Ester erklärt werden?

- Welche Additivierung kann unter ökologischen und tribologischen Aspekten die Leistungsfähigkeit des esterbasierten Schmierstoffs erhöhen?
- Wie können die chemischen und physikalischen Wirkmechanismen der untersuchten Additive erklärt werden und für eine gezielte Schmierstoffkomposition genutzt werden?

7.1 Anforderungsanalyse und Entwicklungsgrundlagen

Die Entwicklung prozessangepasster, ökologisch und ökonomisch verträglicher Schmierstoffe für die Kaltmassivumformung, die chemisch sowohl mit einer Stahloberfläche als auch mit einer inerten PVD-Schicht interagieren können, stellt eine große Herausforderung dar. Mit den aus den letzten sechs Jahrzenten durch unterschiedliche Forschungsarbeiten bekannten Modellen zur Wirksamkeit von Additiven bzw. deren Wechselwirkungen mit Metalloberflächen, sind diese entsprechende Entwicklungen kaum möglich. Denn fast alle bisherigen Arbeiten verstehen die Bildung von gleitaktiven Reaktionsschichten (Additivreaktion mit der Metalloberfläche) als den wesentlichen Wirkmechanismus, der jedoch vor dem Hintergrund neuester Erkenntnisse hinterfragt werden muss [Schu10]. Sind diese Annahmen eventuell für konventionelle Kohlenstoffstähle korrekt, so kann dies nicht gleichermaßen für rostfreie (also passivierte) Stähle sowie inerte, keramisch basierte PVD-Werkzeugbeschichtungen gelten. Und selbst bei Kohlenstoffstählen erfolgt die Diskussion der Wechselwirkungen zwischen der Stahloberfläche und dem Schmierstoff nur sehr rudimentär. Geschuldet ist dies den sehr unklaren Vorstellungen, wie eine Stahloberfläche von un- oder niedriglegierten C-Stählen chemisch aufgebaut ist. Hier existieren lediglich die Vorstellungen, dass entweder gar keine oxidierte Oberfläche existiert oder aber eine homogene Metalloxid-Schicht auf einer Stahloberfläche vorliegt. Neuere Untersuchungen gehen jedoch von chemisch stark differenzierten Oberflächen bei C-Stählen aus. [Schu10] Schulz entwickelte in diesem Kontext in seinen Forschungsarbeiten zwei neue Modellvorstellungen hinsichtlich der Wechselwirkung von Schmierstoffen bzw. der darin enthaltenen Additive mit den tribologischen Partnern (Werkzeug-Werkstück). Die bisherige Modellvorstellung in Bezug auf die Wechselwirkungen basiert auf der Annahme, dass überwiegend Reaktionsschichten als tribologisch wirksame Schicht auf den Oberflächen von Werkzeug und Werkstück agieren. Metalloberflächen werden hierbei als chemisch homogen (meist oxidisch) betrachtet. Das von Schulz vorgeschlagene Modell negiert Reaktionen zwischen Additiven und Metalloberflächen im Metallbearbeitungsprozess größtenteils und führt die Argumentation über Adsorptionseffekte als tribologisch wirksame Kraft. Eine Ausnahme bilden hier Ionen. Metalloberflächen sind in diesem Zusammenhang nicht als homogen, sondern im chemischen Sinne differenziert zu betrachten. Nach den in Schulz [Schu10] sowie Schulz und Mattfeld [Schu11] beschriebenen Erkenntnissen sind also drei, in einer „neuen" Theorie postulierten, Arten der Wechselwirkung möglich. Abbildung 7.1 visualisiert stellvertretend Eisen als Element. Die Modellvorstellung gilt jedoch für annähernd jedes Metall.

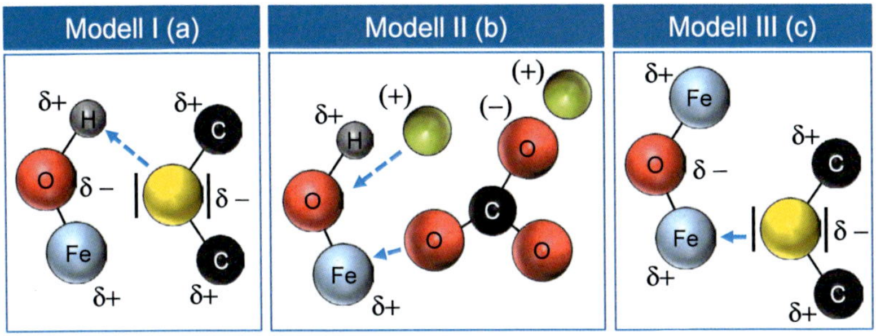

Abbildung 7.1: Neue Modellvorstellungen zum „Andocken“ von Molekülen auf einer Metalloberfläche [Schu10]

New model conceptions for „docking“ molecules on a metal surface [Schu10]

Mechanismus 1 postuliert die Ausbildung von Wasserstoffbrückenbindungen zwischen Sauerstoffatomen (untergeordnet auch Schwefelatomen) der Additive und den Wasserstoffatomen der Hydroxidgruppen. **Mechanismus 2** basiert auf der Ausbildung von ionischen Bindungen zwischen ionischen bzw. potentiell ionisch vorgebildeten Additiven und den Metallatomen, die die Hydroxydgruppen tragen und **Mechanismus 3** argumentiert die Adsorption von partiell negativ geladenen Atomen in Additiven (Ester, Polysulfide, Schwefelträger, Chlorparaffine) an Metallatomen in oxidischer Bindung. Durch Mechanismus 3 wäre demnach auch ein „Andocken“ von Molekülen auf Oberflächen von rostfreien Stählen und an partiell positiv geladenen Atomen in Hartstoffschichten möglich.
Der 1. und 2. Mechanismus stehen nach dieser Vorstellung aus chemischer Sicht in Konkurrenz zueinander (antagonistischer Effekt), da sie jeweils dieselbe Molekülgruppe adressieren. Zumindest kann behauptet werden, dass sich die beiden Mechanismen gegenseitig nicht fördern bzw. ergänzen. Liegen auf einer Metalloberfläche sowohl Hydroxidgruppen und oxydische Gruppen vor, sollten sich Mechanismus 1 und 3 bzw. Mechanismus 2 und 3 unterstützen, d.h. da sich die Mechanismen 1 und 3 bzw. Mechanismus 2 und 3 jeweils mit unterschiedlichen Gruppierungen arrangieren, sollte ein synergistischer Effekt zu beobachten sein. Ester sollten gemäß der neuen Theorie in der Lage sein, sowohl Wasserstoffbrückenbindungen (Mechanismus 1) auszubilden als auch an partiell positiv geladene Metallatome in oxydischen Gruppen (Mechanismus 3) zu adsorbieren. Somit sollten Ester sowohl mit C-Stahl-Oberflächen als auch mit Oberflächen von Hartstoffschichten wechselwirken können. Da Ester generell eine gute biologische Abbaubarkeit zeigen und auf nachwachsender Rohstoffquelle basieren, bilden sie eine wesentliche Forschungsgrundlage dieser Arbeit.

7.2 Schmierstoffe für die zinkphosphatfreie Kaltmassivumformung

Die Fragestellung, in wie weit biologisch gut abbaubare Mineralöle nicht nur ökologische Aspekte bedienen, sondern auch eine hohe Leistungsfähigkeit bei der zinkphosphatfreien Kaltumformung erzielen können, wird in diesem Kapitel diskutiert. Dazu wurden zunächst zwei unterschiedliche, biologisch gut abbaubare Mineralöle in Kombination mit biologisch abbaubaren Additiven in Bezug auf ihre Leistungsfähigkeit und die Wirkmechanismen analysiert und einem konventionellem Schmierstoffe für die Kaltmassivumformung (Fließpressöl) gegenübergestellt.

7.2.1 Schmierstoffe auf Basis biologisch abbaubarer mineralölbasierter Grundöle

Fließpressöle basieren auf Mineralölen, Schwefelverbindungen, Fettstoffen und Verschleißschutzadditiven (oftmals Zinkdithiophosphat). Ein klassisches Kaltfließpressöl genügt in den häufigsten Anwendungen der Zusammensetzung in Tabelle 7.1). In einem ersten Ansatz wurde in dieser Arbeit darauf fokussiert, das konventionelle Öl ökologisch unbedenklicher zu gestalten durch den Austausch des Mineralöls und der Additive auf biologisch schnell abbaubare Varianten.

Ökologische Alternativen sowohl für das mineralölbasierte Fließpressöl als auch für die Additive sind dabei heute schon am Markt verfügbar. Betrachtet wurden zwei unterschiedliche Schmierstoffkompositionen (im Weiteren bezeichnet als Öl A und B), die den klassischen Aufbau und Charakter eines Fließpressöls haben, jedoch mit besser abbaubaren Inhaltsstoffen gemischt wurden. Der erste Schmierstoff (Öl A, siehe Tabelle 7.2 links) baut auf ein Polyalphaolefin als Grundöl. Der zweite Schmierstoff ist konventionell über ein biologisch gut abbaubares Mineralöl aufgebaut und verwendet als Additive zwei unterschiedliche Schwefelträger. In der hier vorliegenden Form konnten mit Öl A und B bei unterschiedlichen Anwendern bereits bessere Leistungen in der konventionellen Schmierung (unter gebonderten Bedingungen), verglichen mit herkömmlichen Ölen, erzielt werden.

Öl B wäre zudem aus ökonomischer Sicht Öl A vorzuziehen, da bezogen auf den Rohstoffpreis, die Komposition zu deutlich besseren Konditionen zu erwerben ist. Die Öle

Tabelle 7.1: Zusammensetzung eines klassischen Fließpressöls zur Anwendung in der konventionellen Kaltmassivumformung

Composition of a classical extrusion oil for use in the conventional cold forging

Inhaltsstoffe	Volumenanteil [%]
Mineralöl	45 - 75
Feststoffe	15 - 25
Schwefelverbindungen	10 - 20
Zinkdithiophosphat	5 - 10

Tabelle 7.2: Alternative Schmierstoffverbindung (Öl A, links und Öl B, rechts) auf Basis gut abbaubarer Grundöle und Additive
Alternative lubricants on the basis of biodegradable base oils and additives

Inhaltsstoffe **Öl A**	[%]	Inhaltsstoffe **Öl B**	[%]
Polyalphaolefin	40	Mineralöl (biol. abbaubar)	53
Synthetischer Ester	25	Native Ester	20
Schwefelträger I	15	Schwefelträger I	10
Schwefelträger II	10	Schwefelträger II	10
Phosphorsäureester (zinkf.)	10	Phosphorsäureester (zinkf.)	7

wurden zunächst im Brugger-Test (gemäß DIN 51347, siehe 4.2.2) untersucht. Auf der Brugger-Maschine können die Werkstoffe im Tribosystem nur sehr beschränkt variiert werden. Der Werkstoff der Reibrolle (Prüfring) besteht aus X210CrW-12 (1.2436) und kann nicht verändert werden. Als Gegenkörper wurde zum einen ein C-Stahl (100Cr6) verwendet. Dieser ist hinsichtlich der chemischen (Re)aktionsvorgänge an der Oberfläche ähnlich anderen konventionellen C-Stählen und spiegelt auch die Eigenschaften eines typischen Einsatzstahls (16MnCrS5) aus tribologischer Sicht sehr gut wider. Zum anderen wurde ein rostfreier Stahl (1.4305) verwendet. Die inerte Oberfläche dieses Stahls kann in diesem experimentellen Modellversuch als Pendant zu einer inerten PVD-Hartstoffschicht gesehen werden. Hierdurch kann im Rahmen der oben formulierten Theorie nach Schulz erforscht werden, inwieweit Schmierstoffe auch mit einer inerten Oberfläche wechselwirken und somit den Verschleißschutz auf der Beschichtung erhöhen können. Die Ergebnisse aus diesen Untersuchungen mit dem Brugger-Test sind Abbildung 7.2 zu entnehmen. Neben den Brugger-Werten B von Öl A und B ist außerdem noch ein klassisches Fließpressöl mit einer Zusammensetzung nach Tabelle 7.1 aufgeführt.

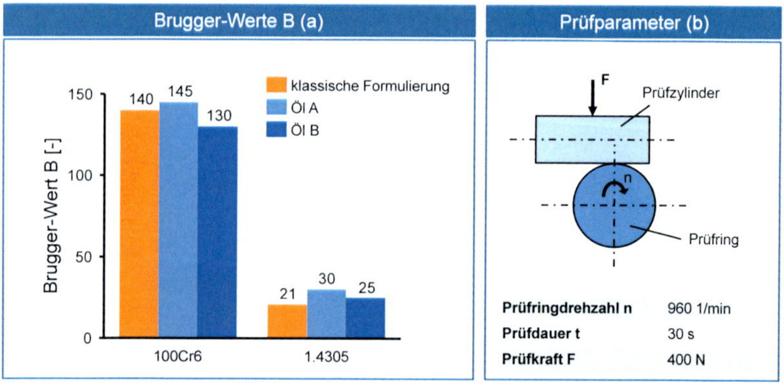

Abbildung 7.2: Vergleich einer klassischen Schmierstoffkomposition und zwei biologisch gut abbaubaren Formulierungen auf Mineralölbasis im Brugger-Test (a) und Prüfparameter(b)

Comparison of a conventional lubricant composition and two biodegradable mineral based oils at Brugger test (a) and test parameters (b)

Das Diagramm zeigt den deutlichen Unterschied in der Leistungsfähigkeit der Schmierstoffe auf den jeweiligen Stahlwerkstoffen. Auf dem C-Stahl können alle Schmierstoffe einen relativ hohen Brugger-Wert B erzielen, wohingegen die Werte auf dem rostfreien Stahl deutlich schlechtere Werte aufweisen. Dies untermauert die eingangs formulierte Theorie, dass konventionelle Schmierstoffe für die Kaltumformung das maximale Leistungspotential bei der Werkstoffpaarung zeigen, die keine inerten Oberflächen ausbilden. Der Theorie folgend sollte bei diesen Schmierstoffen auch die Leistungsfähigkeit auf einer inerten Hartstoffbeschichtung, die mittels PVD-Verfahren auf Werkzeugoberflächen abgeschieden wurde, deutlich eingeschränkt sein. Es zeigt sich aber, dass die Formulierungen A und B mit dem rostfreien Prüfkörper deutlich bessere Werte ergeben als die klassische Formulierung. Die Validierung der Erkenntnisse aus den Brugger-Versuchen erfolgte auf dem Schwerlast-Stift-Scheibe-Tribometer. Beim Stift-Scheibe-Tribometer ist es im Gegensatz zur Brugger-Maschine möglich, die Oberflächen der tribologischen Partner frei zu wählen und auch die wirkenden Kräfte sowie die Versuchsdauern zu variieren. Somit ist die Modellebene deutlich näher am realen Umformprozess. Analysiert wurden wiederum die in Tabelle 8 dargestellten Schmierstoffe. Die Ergebnisse sind Kapitel 7.2.5 zu entnehmen.

Fazit: Die erzielten Werte zeigen, dass der Leistungsfähigkeit von mineralöl- oder polyalphaolephin-basierten Ölen bei der zinkphosphatfreien Kaltmassivumformung offensichtlich Grenzen gesetzt sind. Dies ist darauf zurückzuführen, dass Mineralöle bzw. Polyalphaolephine nicht bzw. sehr untergeordnet mit Metalloberflächen wechselwirken und somit keinerlei Beitrag zur Leistung (Verschleißschutz, Vermeidung von Adhäsion zischen Werkzeug und Werkstück) liefern. Wie schon eingangs in diesem Kapitel erwähnt gab es im SFB 442 Ansätze in Richtung des Einsatzes von Estern als Basisflüssigkeit [Murr10]. Dieser Weg wurde nun weiterverfolgt. Vorteile der Ester gegenüber Mineralölen sind die bessere biologische Abbaubarkeit, die nachhaltige Rohstoffquelle und die Möglichkeiten zur Wechselwirkung mit aktiven und inerten Metalloberflächen.

7.2.2 Entwicklung von Schmierstoffen mit esterbasierten Grundölen

Im SFB 442 wurde ein spezieller unadditivierter Ester zum Einsatz gebracht und erforscht. Da einem unadditivierten System Leistungsgrenzen gesetzt sind, sollte durch gezielte Additivierung mit biologisch leicht abbaubaren Stoffen untersucht werden, ob hierdurch eine Leistungssteigerung möglich ist. So war es notwendig, zunächst die Wirkungsweise verschiedener Ester zu untersuchen, um den wirksamsten Estertyp zu ermitteln und im Anschluss geeignete Additive zu finden, die die Leistungsfähigkeit des Gesamtsystems noch steigern können (Synergismus). Die Wirkungsweise typischer Esterverbindungen lässt sich nach der konventionellen Modellvorstellung als auch nach der Modelltheorie von Schulz über reine Adsorption erklären. Jedoch geht die neue Theorie davon aus, dass sowohl Adsorption an Metallatomen in oxidischen Gruppierungen als auch Wasserstoffbrückenbindungen mit den Wasserstoffatomen der Hydroxid-Gruppen auf einer Metalloberfläche möglich sind [Schu11, Schu12a, Schu07].
In dieser Arbeit kamen acht verschiedene Ester zum Einsatz, die sich in Viskosität und Stereochemie an der Estergruppierung unterscheiden. Für die Versuchsreihen wurden die Ester in einem naphthenischen Grundöl gelöst. Der Beweggrund dafür ist folgender: Da es das Ziel war, ein additiviertes Estersystem zu erhalten, ging es bei den Untersuchungen zur Wirkungsweise der Ester gleichzeitig darum, mögliche Wechselbeziehungen von Estern mit anderen Additiven zu analysieren. Würden reine Ester (ohne Verdünnung mit Mineralöl) untersucht, bedeutet jede Additivierung eine Veränderung der Ester-Konzentration und beeinträchtigt damit die Vergleichbarkeit mit unadditivierten System. Abbildung 7.3 zeigt die Estertypen und die Bruggerwerte der Ester in einer Mischung mit 60% naphthenischem Grundöl. Bei der Ergebnisanalyse zeigen sich relativ schlechte Brugger-Werte B von einigen Estern auf rostfreiem Stahl (siehe Abbildung 7.3 (a), 1.4305). Ausschlaggebend hierfür ist eine geringe Adsorptionsneigung an der inerten Oberfläche des rostfreien Stahls. Eine Ausnahme bilden in diesem Zusammenhang die Komplexester E5 und E6. Als Grund hierfür kann eine andere Elektonendichteverteilung im Molekül verantwortlich zeichnen. Es ist allerdings auch nicht auszuschließen, dass die gegenüber den Vergleichsprodukten höhere Viskosität der Komplexester E5 und E6 hier einen Einfluss ausübt. Dies ist an dieser Stelle nicht grundlegend zu klären und wird an späterer Stelle in dieser Arbeit weiterführend diskutiert.

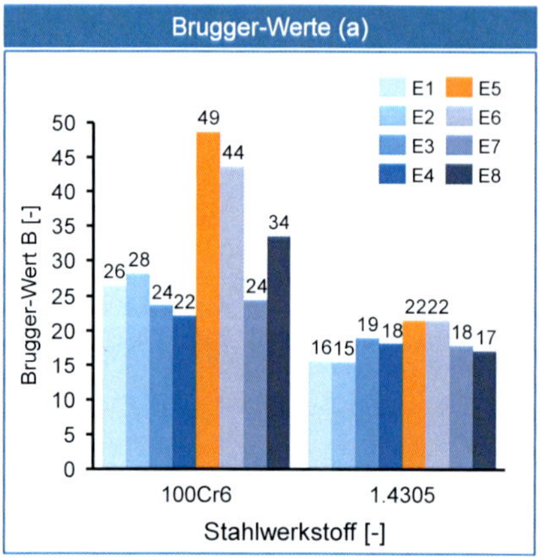

Esterschmierstoffe (b)

	Chemie der Ester	Viskosität [mm²/s]
E1	Triglycerid I (synth.)	16,2
E2	Triglycerid II (synth.)	16,8
E3	Trimethylpropanester	30,9
E4	Triglycerid III (nativ)	26,6
E5	Komplexester	120,1
E6	Elektrolyt behandelter nativer Ester	256,7
E7	Fettsäureester I	13,4
E8	Fettsäureester II	6,8

Abbildung 7.3: Brugger-Werte B (a) der Mischungen Ester in Mineralöl (b)

Comparison of Brugger values B (a) of ester mixtures in mineral oil (b)

Die geringsten Brugger-Werte B auf den rostfreien Prüfkörpern wurden mit den synthetischen Triglycerid-Ester (E1 und E2) erzielt. Beide Schmierstoffe bestehen aus vollgesättigten Fettsäureresten und haben somit nur die Sauerstoffatome der Estergruppen als Andockstellen zur Verfügung. Generell kann für alle Ester die Aussage getroffen werden, dass deutliche Unterschiede bei den Ergebnissen auf C-Stahl vorliegen. Die stark variierenden Brugger-Werte weisen auf den sterischen Einfluss der Kohlenwasserstoffgruppen an der Estergruppe hin. Mehrfachbindungen in den Säureresten an den Estergruppen sind ebenfalls zur Ausbildung von Wasserstoffbrückenbindungen in der Lage. Die Anwendung der Komplexester E5 und E6 zeigten sehr hohe Brugger-Werte auf der C-Stahl Oberfläche, da sie über mehr „Andockstellen" im Molekül verfügen und dadurch mehr „Bindungen" mit der Metalloberfläche eingehen können. Der Einfluss der Viskosität ist in diesem Fall nicht ganz auszuschließen, obgleich die Viskosität der Mischungen sonst einen eher untergeordneten Einfluss hat, d.h. dass sich mit steigender Viskosität nicht auch automatisch der Brugger-Werte B verbessert [Schu12a, Schu12b]. Zur weiterführenden Analyse der Wirkungsweise von Estern als Schmierstoff-Bestandteile für die Kaltmassivumformung wurden diese mit Additiven kombiniert. Das erste Additiv war ein Polysulfid, welches vornehmlich mit oxydischen Gruppen reagiert und kaum Wasserstoffbrückenbindungen ausbildet. Als zweites Additiv wurde ein überbasisches Sulfonat, das hauptsächlich ionisch agiert, analysiert.

7.2.3 Versuche mit Ester und Polysulfid

Das Ziel war es, das Polysulfid als Blocker der oxydischen Gruppen auf der Metalloberfläche zu nutzen und somit die Adsorption der Ester einzuschränken, da das Polysulfid überwiegend die Metallatome besetzt und somit die Ester nicht andocken können. Steigen die Brugger-Werte B, stören sich Ester und Polysulfid nicht, d.h. es liegt ein synergistischer Effekt vor. In Tabelle 7.3 sind die auf der Brugger-Prüfmaschine ermittelten Werte B aufgeführt.

Insbesondere fällt auf, dass bereits durch eine geringe Beimischung von lediglich 2% Polysulfid die Brugger-Werte auf 100Cr6 deutlich ansteigen. Hieraus lässt sich schließen, dass Ester und Polysulfid nicht um die gleiche chemische Oberflächenstruktur auf dem C-Stahl konkurrieren. Vielmehr unterstützen sich die beiden Produkte bei der Ausbildung von reibungs- und verschleißreduzierenden Schichten.
Aus diesen Erkenntnissen kann gefolgert werden, dass Ester vornehmlich über Wasserstoffbrückenbindungen und nicht über Adsorptionseffekte auf der Oberfläche wirken. Zusätzlich zeigen die Ergebnisse der Mischungen auf dem Brugger-Test den Einfluss der Stereochemie der Ester. Die gestiegenen B-Werte auf dem rostfreien Stahl können auf die adsorptive Wirkung des Polysulfids zurückgeführt werden, da die chemische Reaktion mit einer inerten Oberfläche mit hoher Wahrscheinlichkeit ausgeschlossen werden kann. Der im vorherigen Absatz beschriebene Anstieg des B-Wertes auf dem C-Stahl (100Cr6) ist in besonderer Weise von Interesse, wenn ein Vergleich zwischen den Estern mit und ohne Polysulfid herangezogen wird (vergleiche Abbildung 45 (a) und Tabelle 7.3). Eine Verbesserung des B-Wertes ist generell bei allen Mischungen zu verzeichnen, allerdings fällt diese unterschiedlich stark aus. Noch deutlicher ist es bei den Werten, die mit dem 1.4305-Prüfkörper ermittelt wurden. Der Anstieg der B-Werte der Ester E5 und E6 (1.4505-Prüfkörper)

Tabelle 7.3: Vergleich der Bruggerwerte der Estermischungen mit und ohne Polysulfid
Brugger value comparison of ester mixtures with and without polysulfide

	Chemie der Ester [%]	100Cr6-Prüfkörper			1.4305-Prüfkörper		
		Polysulfid			Polysulfid		
		-	+	v	-	+	Diff.
P1	Triglycerid I (synth.)	26,4	104,0	77,6	15,6	22,9	8,3
P2	Triglycerid II (synth.)	28,1	111,7	83,6	15,4	23,9	7,5
P3	Trimethylpropamester	23,5	93,3	69,8	18,9	22,7	4,8
P4	Triglycerid III (synth.)	22,0	94,2	72,2	18,1	23,2	5,1
P5	Komplexester	48,6	123,0	74,4	21,5	22,7	1,2
P6	Elektr. beh. nativer Ester	43,7	96,1	52,4	21,5	22,7	1,2
P7	Fettsäureester I	24,3	70,7	46,4	17,8	21,3	3,5
P8	Fettsäureester II	33,5	93,3	59,8	17,0	25,0	8,0

liegt schon fast innerhalb der Fehlergrenze der Brugger-Norm. D.h. beide Komplexester blockieren offensichtlich die Andockstellen, die auch vom Polysulfid benötigt werden. Auch an den Werten, die mit den 100Cr6-Prüfkörpern ermittelt wurden, ist der gleiche Effekt zu beobachten. Die Auswirkungen sind hierbei geringer, da der Anteil an Gruppen auf diesen Oberflächen ebenfalls deutlich geringer ist als auf der rein oxydischen Oberfläche des inerten rostfeien Stahls. Somit kann die Vermutung aus dem vorherigen Kapitel, dass die höhere Viskosität der Komplexester in den hier durchgeführten Versuchsreihen eine Rolle spielt, ausgeschlossen werden.

7.2.4 Versuche mit Ester und überbasischem Sulfonat

Die Werte auf C-Stahl zeigen eine geringe Verbesserung. Die Werte auf rostfreiem Stahl weisen auf keinen Einfluss des überbasischen Sulfonats hin. Letzteres ist auf den ionischen Charakter der überbasischen Sulfonate zurückzuführen, die mit der rein oxydischen Edelstahloberfläche keinerlei Wechselwirkung eingehen können. Die entsprechenden Brugger-Werte B sind in Tabelle 7.4 zusammengefasst.

Die geringe Verbesserung der Werte auf C-Stahl zeigt, dass das überbasische Sulfonat offensichtlich die Wechselwirkung der Ester über die Wasserstoffbrückenbindung nicht behindert und damit eine dritte Art der Wechselwirkung (ionisch) vorliegt, die verglichen mit den reinen Estermischungen (E1-E8) zu einer geringen Verbesserung der Werte führt. Generell liegen die Differenzen aber fast alle im Fehlerbereich der Brugger-Maschine selbst. Wie die vorstehenden Ergebnisse deutlich zeigen, wirken Ester auf C-Stahloberflächen überwiegend gemäß Mechanismus 1 (Wasserstoffbrückenbindung) und können auf dieser Oberfläche durch Additive, die vorwiegend gemäß Mechanismus 3 (Adsorption) wirken,

Tabelle 7.4: Vergleich der Bruggerwerte der Estermischungen mit und ohne überbasischem Sulfonat

Brugger value comparison of ester mixtures with and without overbased sulfonate

	Chemie der Ester [%]	100Cr6-Prüfkörper			1.4305-Prüfkörper		
		Überbasisches Sulfonat			Überbasisches Sulfonat		
		-	+	v	-	+	Diff.
S1	Triglycerid I (synth.)	26,4	37,5	11,1	15,6	15,0	-0,6
S2	Triglycerid II (synth.)	28,1	36,9	8,7	15,4	15,5	0
S3	Trimethylpropamester	23,5	25,8	2,3	18,9	17,7	-1,2
S4	Triglycerid III (synth.)	22,0	27,9	5,9	18,1	18,4	0,3
S5	Komplexester	48,6	48,0	-0,6	21,3	21,1	-0,4
S6	Elektr. beh. nativer Ester	43,7	41,8	-1,9	21,5	20,7	-0,8
S7	Fettsäureester I	24,3	25,0	1,3	17,8	16,8	-1,0
S8	Fettsäureester II	33,5	35,3	1,8	17,0	15,1	-1,9

in ihrer Leistung gesteigert werden. Auf rein oxydischen Oberflächen, wie z.B. auf dem betrachteten rostfreien Stahl (1.4305) bleibt für die Ester nur Mechanismus 3. Eine Leistungssteigerung durch geeignete Additive ist auch hier möglich. Jedoch ist hier darauf zu achten, dass sich Ester und Additive nicht behindern, da auf einer rein oxydischen Oberfläche nur Mechanismus 3 möglich ist. Auf Basis dieser Erkenntnisse erfolgte im weiteren Verlauf die Entwicklung eines umweltverträglichen Schmierstoffs für die Kaltumformung, der sowohl mit der Halbzeug- als auch mit der Schichtoberfläche des Werkzeugs des hier betrachteten tribologischen Systems interagiert.

7.2.5 Schmierstoffkomposition auf Esterbasis

Generell ist bei der Formulierung von Schmierstoffen für die Umformung mit beschichteten Werkzeugen zu beachten, dass der tribologische wirksame Zwischenstoff stets mit zwei unterschiedlich gearteten Oberflächen im Kontakt steht. Im Idealfall sollte der Schmierstoff auch mit beiden Oberflächen tribologische Wechselwirkungen vollziehen, die im Sinne von Verschleißschutz und Vermeidung von Adhäsion zwischen Werkzeug- und Werkstückmaterial zu einer vollständigen Trennung der Materialien führen.
Für das in dieser Arbeit betrachtete System bedeutet dies, dass sowohl der Einsatzstahl (16MnCrS5) als Werkstück und die keramische Hartstoffschicht (TiZrN/CrN) auf der Werkzeugoberfläche unter chemischen und physikalischen Gesichtspunkten möglichst gut mit dem Schmierstoff interagieren müssen, um Reibung zu reduzieren und Verschleiß zu minimieren. Aufgrund der chemischen Ungleichheit der Werkstoffpaarung kann die anspruchsvolle tribologische Funktion von konventionellen Fließpressölen nicht mehr erfüllt werden, zumal diese Öle auch unter ökologischen Gesichtspunkten kritisch zu betrachten sind. Daher werden in diesem Kapitel umweltfreundliche Esterschmierstoffe entwickelt, die sowohl die tribologischen als auch die ökologischen Anforderungen an einen zeitgemäßen Schmierstoff erfüllen.

Komposition im Laborversuch

Die Komplexester zeigten in den Voruntersuchungen sowohl auf 100Cr6, als auch auf 1.4305 die besten Ergebnisse (siehe Abbildung 7.3). Die Viskosität typischer Komplexester ist allerdings für die technische Anwendung beim Kaltfließpressen deutlich zu hoch. Aus diesem Grund wurde deshalb eine Mischung aus Komplexester (siehe Abbildung 7.4 (b), M2) mit einem niedrig viskosen Fettsäureester (siehe Abbildung 7.4 (b), M1) erstellt um die Viskosität in einem technisch sinnvollen Bereich einstellen zu können. In Abbildung 7.4 sind die Viskosität der eingesetzten Ester, der Estermischung (M3) und der ermittelten Brugger-Werte (b) gegenübergestellt. Die Untersuchungen hierzu haben gezeigt, dass die Viskositäten durch die Mischung unterschiedlicher Ester in weiten Bereichen eingestellt werden können, ohne die Leistungsfähigkeit maßgeblich zu verändern. Dies stellt gegenüber den mineralölbasierten Schmierstoffen einen großen Vorteil hinsichtlich des Einsatzspektrums von esterbasierten Schmierstoffen dar.

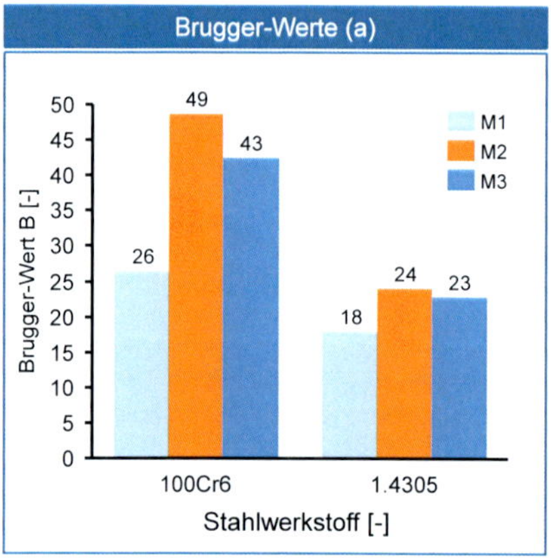

Esterschmierstoffe (b)

	Chemie der Ester	Viskosität [mm²/s]
M1	Triglycerid I (synth.)	30
M2	Komplexester	800
M3	Estermischung	90

Abbildung 7.4: Brugger-Werte B der reinen Ester und einer auf praxisnahe Viskosität eingestellten Mischung

Brugger values of the pure ester and a set of more practical viscosity mixture

Erfahrungswerte aus der industriellen Praxis mit dem Brugger-Prüfstand zeigen, dass Öle mit dem in Abbildung 7.4 (a) dargestellten Brugger-Werten B nicht ausreichen, um Adhäsion in anspruchsvollen Umformprozessen sicher zu verhindern. Deshalb wurden weitere Versuche mit biologisch abbaubaren EP-Additiven (Schwefelträgern) und entsprechendem Verschleißschutz durchgeführt, um diese Eigenschaft der Schmierstoffe zu verbessern. Die Ergebnisse sind Abbildung 7.5 zu entnehmen.
Die Mischung V3 (Ester-Mischung + EP-Additiv II + Verschleißschutz) erbrachte in dieser Versuchsreihe die besten Ergebnisse. Hieraus leitet sich die Aussage ab, dass insbesondere das Verschleißschutzadditiv ein hohes Potential zur Steigerung der Leistungsfähigkeit hat. Allerdings konnte über diese Versuchsreihen noch keine Aussage getroffen werden, in welchem Mischungsverhältnis das größte Leistungspotential abgerufen werden kann und ob generell ein Zusammenhang zwischen dem eingesetzten Additivvolumen und den Werten auf der Brugger-Maschine hergestellt werden kann.

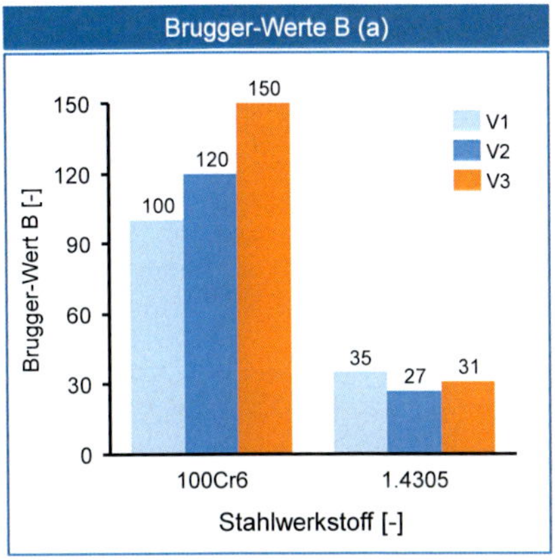

Esterschmierstoffe (b)

	Chemie der Ester	Viskosität [mm²/s]
V1	Ester-Mischung (50 %) + EP-Additiv I (50 %)	140
V2	Ester-Mischung (50 %) + EP-Additiv II (50 %)	100
V3	Ester-Mischung (45%) + EP-Additiv II (50%) + Verschleißschutz (5 %)	110

Abbildung 7.5: Brugger-Werte (a) und Zusammensetzungen der Ester-Mischung (b)

Brugger values (a) and compositions (b)

Den Einfluss des Mischungsverhältnisses der drei Komponenten auf die Leistungsfähigkeit des Schmierstoffes zeigte eine weitere Versuchsreihe (siehe Abbildung 7.6).

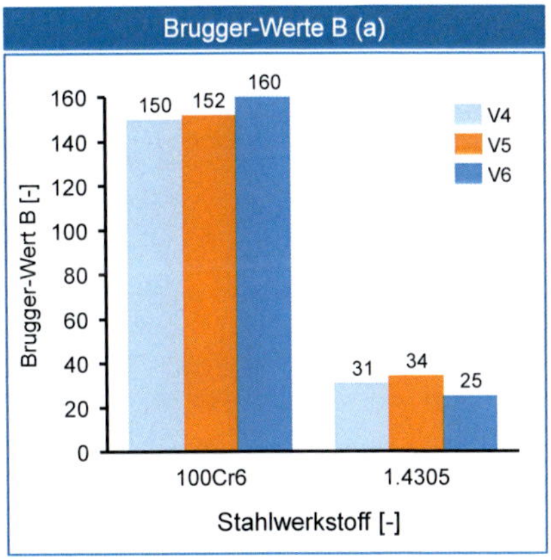

Esterschmierstoffe (b)

	Ester [%]	EP-Additiv [%]	Verschleißschutz [%]
V4	45	50	5
V5	40	50	10
V6	35	50	15

Abbildung 7.6: Brugger-Werte B (a) und optimierte Ester (b)

Brugger values B (a) and optimized additive mixtures (b)

Es zeigte sich, dass die Mischung V5 (Ester-Mischung (40%) + EP-Additiv II (50%) + Verschleißschutz (10%)) von den Brugger-Werten her betrachtet ein Optimum darstellt. Diese Mischung wurde als Öl C für alle weiteren Forschungsarbeiten in dieser Arbeit herangezogen. Warum gerade Mischung V5 (Öl C) die besten Ergebnisse der Versuche liefert, ist nach der konventionellen Modelltheorie (Theorie der Reaktionsschichten) zur Wirkungsweise von Additiven auf Oberflächen nicht zu verstehen. Gemäß dieser Theorie sollten sich Sulfid und Phosphatschichten als tribologisch wirksame Schicht ausbilden, d.h. je mehr Additive, desto „dickere" Reaktionsschichten, desto höher die Leistungsfähigkeit des Schmierstoffs. Die Resultate zeigen jedoch einen anderen Zusammenhang, der gemäß der neuen Theorie durch folgende Effekte erklärt werden kann: Auf der 100Cr6-Oberfläche bedient der Ester vorwiegend den Mechanismus 1, der Schwefelträger den Mechanismus 3 und das Verschleißschutzadditiv den Mechanismus 1. Ester und Verschleißschutz stehen somit in Konkurrenz um die Wasserstoffbrückenbindung. Offensichtlich wird diese Situation dadurch kompensiert, dass die Quantität der Estermischungen und des Verschleißschutzadditivs in der Summe gleich bleiben. Auf der Oberfläche des 1.4305-Prüfkörpers ist, wie bereits oben dargestellt, nur Mechanismus 3 möglich. Hier kommt es bei einer zu großen Menge des Verschleißschutzadditivs zu einer Verdrängung des Schwefelträgers. Das Verschleißschutzadditiv enthält nur Sauerstoff als tribologisch aktives Element. Sauerstoff hat aufgrund der höheren Elektronegativität (verglichen mit Schwefel) die höhere Affinität zu den oxydischen Metallatomen. Sicher spielt auch die Stereochemie der Moleküle, also deren räumliche Ausdehnung eine gewisse Rolle. Außerdem darf bei dieser Betrachtung nicht vernachlässigt werden, dass die Reibrolle des Bruggers aus C-Stahl besteht und es somit im Tribosystem Reibrolle/Schmierstoff/Prüfkörper zu sich überlagernden Effekten kommt, wenn der Prüfkörper aus rostfreiem Stahl besteht.

Einsatztest im Schwerlast-Stift-Scheibe-Tribometer

Die grundlegenden Erkenntnisse zu den Reaktionsmechanismen unterschiedlicher Esterschmierstoffe im Laborversuch bilden in dieser Arbeit die Basis zur Komposition von Schmierstoffen zur Anwendung unter realen Einsatzbedingungen bei der zink-phosphatfreien Kaltumformung. Dabei stand die ökologische wie auch die ökonomische Auslegung der Schmierstoffe im Fokus der Forschungsarbeiten. Die Validierung des Leistungspotentials der in diesem Kapitel entwickelten Schmierstoffe erfolgte auf dem in Kapitel 4.2.3 vorgestellten Schwerlast-Stift-Scheibe-Tribometer. Als Gegenkörper kam der Einsatzstahl 16MnCrS5 zur Anwendung. Die Beschichtung auf dem Reibstift erfolgte mit dem in Kapitel 6 entwickelten TiZrN/CrN-Schichtsystem. Somit konnte erstmalig die Leistungsfähigkeit des neu entwickelten tribologischen Systems zur zinkphosphatfreien Kaltumformung im Analogieversuch analysiert und bewertet werden. Im Fokus stand zunächst jedoch die Leistungsfähigkeit der Schmiermedien. Die untersuchten Schmierstoffe sind Tabelle 7.5 zu entnehmen.

Alle Versuchsreihen wurden zur statistischen Absicherung der Ergebnisse in dreifacher Ausführung durchgeführt. Das Diagramm rechts in Abbildung 7.7 zeigt die Entwicklung des Reibwerts über der Reibdauer der verschiedenen Schmierstoffe. Nach einer Einlaufdauer

Tabelle 7.5: Grundöl und Additive der eingesetzten Öle
Base oil and additives of the tested lubricants

Schmierstoff	Öl A	Öl B	Öl C
Grundöl	Polyalphaolefin	Mineralöl	Ester
Zusätze	EP/ AW Additive	EP/ AW Additive	EP/ AW Additive

von ca. 100 Sekunden zeigen alle drei Schmierstoffe zunächst einen sehr niedrigen Reibwert von $\mu = 0{,}12$. In der Einlaufphase ist allerdings schon auffällig, dass Schmierstoff B zu Prozessstart zunächst einen deutlich höheren Reibwert-Peak aufweist als die beiden anderen Schmierstoffe und das oben genannte Reibwertniveau von $\mu = 0{,}12$ erst nach etwa 100 Sekunden erreicht. Während die Schmierstoffe A und C dieses Niveau halten bzw. sogar eine leicht sinkende Reibwertkurve zeigen, steigt der Reibwert von Öl B ab einer Reibdauer von 200 Sekunden stetig an, um nach 600 Sekunden bei ca. $\mu = 0{,}18$ ein relativ konstantes Niveau zu erreichen. Dieser Verlauf und der hohe Reibwert sprechen für adhäsive Verschleißerscheinungen in der Kontaktzone auf dem Reibstift.

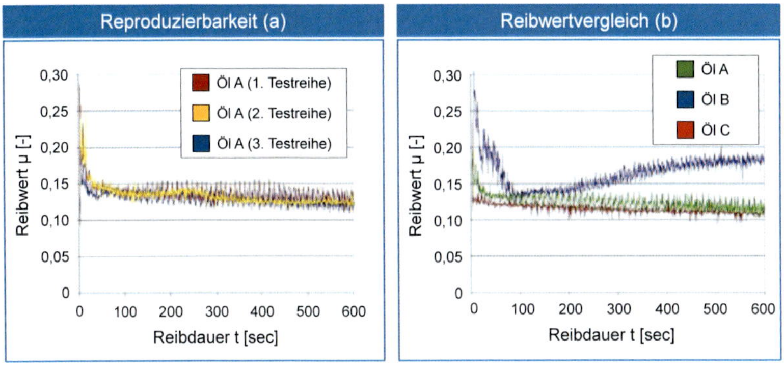

Abbildung 7.7: Analyse zur Reproduzierbarkeit der Ergebnisse im Stift-Scheibe-Tribometer und Vergleich der Reibwertverläufe

Analysis of the reproducibility of the results in pin-on-disk tribometer and comparison of friction value

Die Reibwertanalyse spricht daher zunächst für die Schmierstoffe A und C (Ester), die ein generell sehr niedriges Reibwertniveau erzielten. Darüber hinaus war es ein wesentliches Kriterium, neben einer geringen Reibung auch den Verschleiß auf dem Reibstift möglichst zu unterbinden. Der Schmierstoff muss daher in der Lage sein, neben der Interaktion mit dem Einsatzstahl auch Adhäsionen auf der Schichtoberfläche zu unterbinden. Für diese Aussage wurden die Kontaktflächen der Reibproben nach dem Einsatz im Tribometer mittels Rasterelektronenmikroskop auf die typischen Verschleißmerkmale hin analysiert. Abbildung 7.8 zeigt einen exemplarischen Vergleich von drei Kontaktflächen in 15-facher (obere Bildreihe) und in 200-facher Vergrößerung.

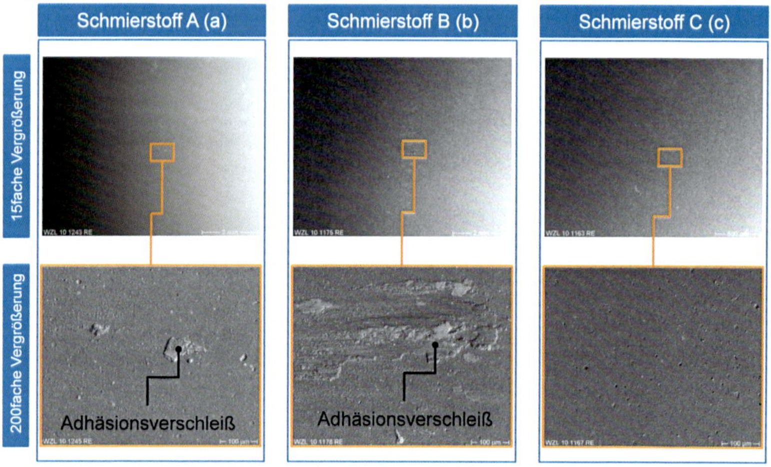

Abbildung 7.8: Vergleich des Oberflächenverschleißes bei Verwendung der analysierten Schmierstoffe

Comparison of surface wear according to the tested lubricants

Generell konnte trotz der hohen mechanischen Belastungen keine Delaminationen der Beschichtung an einer Probe festgestellt werden. Dies spricht für die gute Verbundhaftung zwischen Beschichtung und Reibprobensubstratwerkstoff. Die Kontaktzonen der Reibstifte aus den Versuchen mit dem polyalphaolefinbasierten Schmierstoff A (siehe Abbildung 7.8 (a)) und dem mineralölbasierten Schmierstoff (B) wiesen beide Verschleißspuren in Form von Adhäsionen auf. Probe A zeigte lediglich kleinere Aufschweißungen, wohingegen Probe B deutlich größere Bereiche mit Adhäsion zeigte, über die sich auch der Reibwertanstieg während der Messungen im Stift-Scheibe-Tribometer erklären lässt. Ein deutlich besseres Ergebnis konnte beim Einsatz des esterbasierten Schmierstoffes C (siehe Abbildung 7.8 (c)) erreicht werden. Hier präsentierte sich die Oberfläche der TiZrN/CrN-Beschichtung frei von adhäsiven Anhaftungen. Die Betrachtung des Kontaktbereichs bei 1000facher Vergrößerung zeigte marginale Schleifspuren auf der Reibstiftoberfläche, wobei ein Einfluss auf die Schichteigenschaften nicht festgestellt werden konnte.

Fazit: In diesem Kapitel wurden unterschiedliche Forschungsfragen erörtert, um zu klären, in wieweit sich Esterschmierstoffe für einen Einsatz als alternatives, ökologisches Schmiermedium für die zinkphosphatfreie Kaltmassivumformung eignen. Die Herausforderung hierbei liegt in der komplexen Anforderung an den Schmierstoff, sowohl mit den Stahlwerkstoff als auch mit der inerten Oberfläche einer keramisch basierten PVD-Beschichtung tribologisch interagieren und Reibung und Verschleiß möglichst zu senken. Hierzu wurden zunächst die chemischen Wechselwirkungen von Esterschmierstoffen auf „reaktionsfreudigen" (C-Stähle) und inerten (rostfreie Stähle) Oberflächen im Brugger-Test untersucht und anhand von grundlegenden Modelltheorien erklärt. Diese Untersuchungen wurden anschließend um Aussagen über die Wirkung von Additiven in Kombination mit Esterschmierstoffen ergänzt. Aus den entwickelten Erkenntnissen konnte abschließend eine esterbasierte Schmierstoffkomposition abgeleitet werden, die im Schwerlast-Stift-Scheibe-Tribometer gegenüber konventionellen, mineralölbasierten, jedoch gut abbaubaren, Schmierstoffen analysiert wurden. Hier zeigte sich deutlich die gute Leistungsfähigkeit der Esterschmierstoffe; insbesondere hinsichtlich der Vermeidung von Adhäsionsverschleiß auf der Werkzeugoberfläche bzw. der Kontaktfläche am Reibstift. Die Forschungsarbeiten haben gezeigt, dass es ökologische Alternativen zu mineralölbasierten, hochadditivierten Schmierstoffen in Form von Esterschmierstoffen geben kann, die die hohen Anforderungen bei der zinkphosphatfreien Kaltmassivumformung mit beschichteten Werkzeugen sehr gut erfüllen und in Kombination mit der entwickelten TiZrN/CrN-Beschichtung ein hocheffizientes tribologisches System bilden. Der experimentelle Nachweis über das das Leistungspotenzial dieses Systems wird in Kapitel 8 und 9 dargestellt.

8 Experimentelle Validierung im Modellversuch

Experimental validation in analogy test

In diesem Kapitel soll anhand von experimentellen tribometrischen Modellversuchen (Stift-Zylinder-Tribometer und Napf-Rückwärts-Fließpressen) die Interaktion zwischen einer mechanisch gestrahlten Halbzeugoberfläche, der TiZrN/CrN+CrN-Schicht, und dem entwickelten Esterschmierstoff untersucht werden. Die hier gewonnenen Erkenntnisse werden anschließend zur gezielten Abstimmung der tribologischen Partner aufeinander genutzt, um eine zinkphosphatfreie Kaltmassivumformung auch im industriellen Feldversuch zu ermöglichen (siehe Kapitel 9).

8.1 Versuche im Stift-Zylinder-Tribometer

Die experimentelle Betrachtung und Analyse der Kontaktverhältnisse zwischen Werkzeug und Werkstück, sowie der Reibung und des Verschleißes kann durch unterschiedliche Prüfstände abgebildet werden. Wie schon an einigen Stellen in dieser Arbeit gezeigt, hat sich für die Erforschung und Entwicklung von umformtechnischen Schichtwerkstoffen und Schmierstoffen der tribometrische Versuch nach dem Stift-Scheibe-Prinzip bewährt (siehe Kapitel 4.2.3). Allerdings kann dieser Versuchsaufbau nicht den Einfluss einer mikroskopischen Halbzeugtopografie auf die Reibung und den Verschleiß abbilden. Zur Überwindung dieses Defizites erfolgte in dieser Arbeit die Konzeptionierung und Entwicklung eines alternativen Schwerlast-Stift-Zylinder-Tribometers. Die Neuentwicklung ermöglicht durch eine geänderte Kinematik den ständigen Kontakt des Stifts mit einer unverformten Halbzeugoberfläche. Die Konstruktion, die Entwicklung und die experimentellen Ergebnisse aus dem erweiterten Stift-Scheibe-Modellversuch werden im Folgenden vorgestellt.

8.1.1 Ausgangssituation

Das im Kapitel 4 beschriebene Stift-Scheibe-Tribometer bietet als tribologischer Modellversuch für die Kaltmassivumformung vielfältige und effiziente Analysemöglichkeiten zum Verhalten unterschiedlicher Stoffpaarungen. Allerdings zeigt der Versuchsaufbau auch gravierende Nachteile, wenn es um die Messung des Reibwerts im Kontakt geht. Hier entspricht das konventionelle Prinzip mit der typischen Prozesskinematik nicht den Verhältnissen im realen Umformprozess, bei dem ständig neuer Halbzeugwerkstoff den Kontakt mit dem Werkzeug prägt. Der mehrfache Überlauf des Stifts in einer Reibspur auf dem Gegenkörper im Tribometer hingegen führt zu einer Einebnung der Rauheiten am Gegenkörper bereits während der ersten Umdrehung. Somit kommt der Stift nach der ersten Gegenkörperum-

drehung mit dem umgeformten Werkstoff in Kontakt. Dieser Kontaktzustand ist neben einer vollständigen Einebnung der Oberflächenrauheiten ebenfalls gekennzeichnet durch eine Werkstoffverfestigung am Gegenkörper und entspricht damit nicht den Bedingungen, die bei einer Umformung unter industriellen Bedingungen zu finden sind.
Insbesondere bei der Analyse des Einflusses der mikroskopischen Oberflächentopografie des Halbzeugs führt ein mehrmaliger Überlauf des Stiftes zu verfälschten Ergebnissen. Zur Überwindung dieses hohen Abstraktionsgrades im Stift-Scheibe-Modell erfolgte in dieser Arbeit die Modellerweiterung auf ein Stift-Zylinder-Tribometer, welches durch eine geänderte Kinematik den Stift jeweils mit einer unverformten Oberfläche am Gegenkörper in Kontakt treten lässt. Ein Vergleich der beiden Prinzipien ist in Abbildung 8.1 dargestellt.

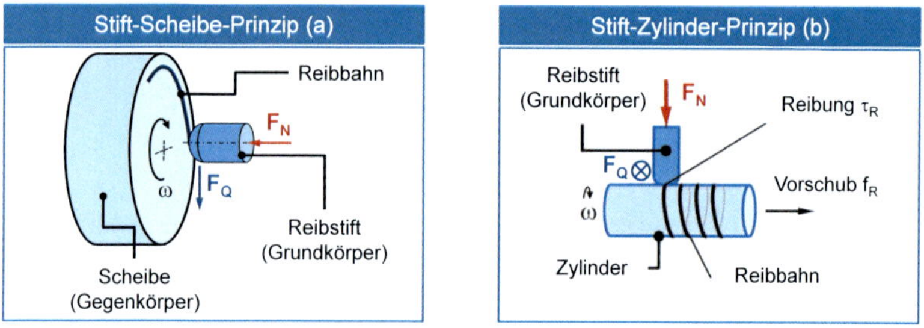

Abbildung 8.1: Schematische Gegenüberstellung der tribometrischen Modellversuche nach dem Stift-Scheibe-Prinzip (a) und dem Stift-Zylinder-Prinzip (b) mit axialem Vorschub

Schematic comparison of the tribometric model experiments pin-on-disc principle (a) and pin-on-cylinder principle with axial infeed (b)

Im Gegensatz zu dem im Kapitel 4.2.3 vorgestellten Schwerlast-Stift-Scheibe-Tribometer mit plastischer Gegenkörperdeformation wird durch die Neuentwicklung eine wesentliche technologische Erweiterung erzielt. Diese bezieht sich auf die Kontaktfläche zwischen Stift und Gegenkörper. Bei dem neuen Konzept sollte sichergestellt werden, dass der Stift grundsätzlich über eine frische Gegenkörperoberfläche reibt, um explizit den Einfluss der Mikrotopografie des Halbzeugs in der Wirkfuge auf die Reibung und den Verschleiß im Kontakt erforschen zu können. Gleichzeitig sollte durch die maximale Normalkraft F_N eine plastische Gegenkörperdeformation möglich sein, so dass von einem Schwerlast-Tribometer gesprochen werden kann.

8.1.2 Konzeption und Entwicklung

Der in dieser Arbeit entwickelte Versuchsprüfstand leitet sich aus dem Prinzip des Pin-On-Cylinder Versuchs ab. Die Herausforderungen bei der Konzeptionierung des tribometrischen

Modellprüfstands nach dem Stift-Zylinder-Prinzip mit plastischer Gegenkörperdeformation war die Realisierung der hohen Anpresskräfte bei gleichzeitigem axialen Vorschub des Reibstifts. Da das kinematische Prinzip stark den Eingriffsbedingungen zwischen Drehmeißel und Werkstück in der definierten Zerspanung ähnelt, wurde als konstruktive Basis auf eine konventionelle Werkzeugdrehmaschine der Firma Gildemeister mit NC-Steuerung aufgebaut. Auf den Bettschlitten der Maschine erfolgte der Aufbau der Tribometereinheit mit den Einzelkomponenten Krafterzeugung, Gegenlager und einer Kraftmessplattform zur in-situ Erfassung der Reibkräfte während des Prozesses. Der Aufbau der Tribometereinheit (siehe Abbildung 8.2(a)) und das Kräfteschema im tribologischen Kontakt (siehe Abbildung 8.2(b)) werden im folgenden Kapitel vorgestellt.

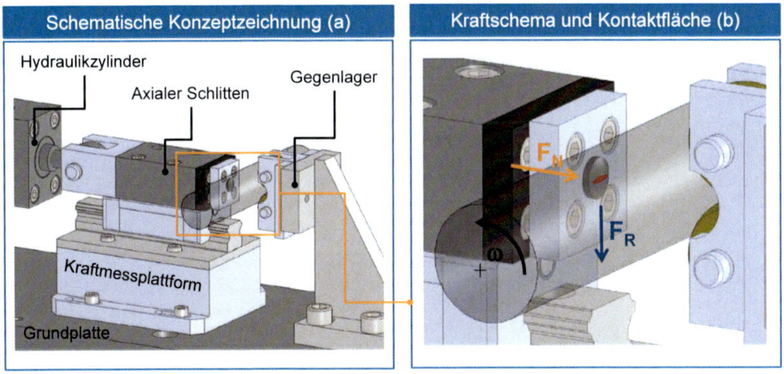

Abbildung 8.2: Tribometereinheit(a) und Kräfteschema an der Kontaktfläche zwischen Reibstift und Halbzeugwelle (b)

Major components (a) and forces at the contact surface between pin and semi-finished shaft (b)

Aufbau der Tribometereinheit

Die Tribometereinheit übernimmt im Wesentlichen die Aufgaben zur Erzeugung der Anpresskraft F_N des Stifts auf das zylindrische Halbzeug, die Lagerung und kinematische Positionierung zwischen Stift und Halbzeug sowie die Fixierung des Halbzeugs gegen eine Verlagerung unter Last im Kontakt mit dem Reibstift. Als Halbzeuge können Wellen mit unterschiedlichen Durchmessern bis zu einem maximalen Wellendurchmesser $D_{Wmax} = 180$ mm eingesetzt werden. Die Welle wird im Futter der Werkzeugdrehmaschine eingespannt, in einer mitlaufenden Spitze (Lünette) fixiert und kann so über den Hauptantrieb der Werkzeugdrehmaschine mit unterschiedlichen Drehzahlen angetrieben werden. Über die Rotation der Welle wird die radiale Relativbewegung zwischen dem Grund- und dem Gegenkörper erzeugt. Der Reibstift (Durchmesser D_R = 12 mm, Balligkeit an der Stirnfläche r_{RS} = 15 mm) wird über eine Aufnahme frontal an einem axialen Gleitschlitten fixiert (siehe Abbildung 8.2 (a)/ (b)), der auf einer Gleitschiene in z-Richtung frei gelagert ist. Die Gleitschiene wiederum ist auf einer 3-Komponenten Kraftmessplattform fest gelagert, die in alle drei Koordinatenrichtungen Kräfte erfassen kann. Somit werden sowohl die von der Halbzeugwelle auf den Reibstift übertragenen Reibkräfte F_R in tangentialer Richtung gemessen als auch die Reaktionskräfte, die durch den Vorschub des Stiftes erzeugt werden.

Die Krafterzeugung erfolgt über einen Hydraulikzylinder, der in axialer z-Richtung auf den Gleitschlitten wirkt und somit den Reibstift mit einer definierten Normalkraft F_N gegen die rotierende Halbzeugwelle drückt. Der Hydraulikzylinder wird über ein externes Hydraulikaggregat erzeugt. Bei maximalem Druck kann über den Zylinder eine maximale Normalkraft F_N = 40000 N erzeugt werden. Bezogen auf die Kontaktfläche zwischen Reibstift und Halbzeugwelle können somit Kontaktspannungen realisiert werden, die zu einer plastischen Deformation an der Halbzeugwelle führen, wenn mit typischen Werkstoffen aus der Kaltmassivumformung gearbeitet wird. Um bei den hohen Kräften eine Verlagerung bzw. Durchbiegung der Welle zu vermeiden, ist diese in axialer z-Richtung über zwei rotierende Messingrollen in einem Gegenlager fixiert. Das Gegenlager sichert u.a. die notwendige Stabilität im Hinblick auf die Kontakt- und Eingriffsbedingungen zwischen Reibstift und Halbzeugwelle, die für eine exakte Erfassung der Reibkräfte zwingend erforderlich ist. Der axiale Vorschub f des Pins entlang der Halbzeugwelle wird über die Werkzeugdrehmaschine realisiert. Durch das Verfahren des Hauptschlittens in x-Richtung während der Rotation der Halbzeugwelle beschreibt der Reibstift somit eine spiralförmige Bahn auf dem Halbzeug. Über diese Zwangskinematik ist somit gewährleistet, dass der Stift zu jeder Versuchszeit mit einer frischen Halbzeugoberfläche in Kontakt kommt. Das hier beschriebene Konzept des Stift-Zylinder-Tribometers ist somit grundsätzlich geeignet, neben den konventionellen tribologischen Größen - die auch im Schwerlast-Stift-Scheibe-Tribometer untersucht werden können - die mikroskopische Halbzeugtopografie als wesentliche Einflussgröße auf die Reibung mit zu betrachten.

Um zunächst ein grundlegendes Verständnis über das tribologische Belastungskollektiv in der Wirkfuge zwischen Reibstift und Halbzeug zu erlangen, wurden numerische Simulationen auf Basis der FE-Modellierung durchgeführt. Diese Ergebnisse ermöglichen eine Analyse der mechanischen und geometrischen Randbedingungen in der Kontaktzone zwischen Reibstift und Halbzeug, die in Abhängigkeit von den vielfältigen Prozess- und Einstellparametern dieses Prüfstands deutlich variieren können. Die diesbezüglichen Erkenntnisse und Analyseergebnisse werden im folgenden Kapitel vorgestellt.

8.1.3 Numerische Modellierung des tribologischen Belastungskollektivs

Dass sich der konventionelle Schwerlast-Stift-Scheibe-Versuch mit plastischer Gegenkörperdeformation als experimentelles Modell zur Analyse der tribologischen Abläufe in der Kaltumformung eignet, konnte bereits in einer Vielzahl von Untersuchungen nachgewiesen werden (siehe Kapitel 4.2.3). Der in dieser Arbeit entwickelte Stift-Zylinder-Versuch mit plastischer Gegenkörperdeformation weist jedoch in wesentlichen Punkten (Kontaktfläche zwischen Grundkörper und Gegenkörper, kein mehrfacher Überlauf des Stifts in einer Reibbahn, etc.) deutliche Unterschiede gegenüber dem konventionellen System auf. Da für die experimentelle Betrachtung und Analyse der Wirkmechanismen in dem zu untersuchenden tribologischen Systemen die Kenntnis der Modellrandbedingungen wichtig ist, wird der Stift-Zylinder-Kontakt im Folgenden einer tribologischen Prozessanalyse unterzogen, um somit das tribologische Beanspruchungskollektiv zu beschreiben.

Modellaufbau

Zur Modellierung des Belastungskollektivs in der Kontaktzone zwischen dem Stift und der Halbzeugwelle sowie zur Ermittlung der hier entstehenden tribologischen Beanspruchungsgrößen wurde ein dreidimensionales FE-Modell in der kommerziellen Software Abaqus der Firma Dassault Systèmes Simulia in der Version 6.10 verwendet (siehe Abbildung 8.3). Das Modell bildet zur Einsparung von Rechenzeiten lediglich einen Ausschnitt von 10 Grad des Gegenkörperumfangs ab und modelliert den Reibstift als Kugel mit einem Radius von $r_{RS} = 15$ mm. Das Materialmodell des Halbzeugs ist identisch mit jenem aus Kapitel 5.2. Die Reibung im Modell wurde zu $m = 0{,}15$ definiert. Weitere Modellparameter sind Abbildung 8.3 (b) zu entnehmen. Die Validierung des Modells erfolgte durch einen geometrischen Abgleich der Reibspuren auf der Halbzeugoberfläche zwischen numerischem Modell und experimentellem Ergebnis bei unterschiedlichen Anpressdrücken.
Simuliert wurde zunächst der Reibkontakt mit unterschiedlichen Anpresskräften F_N und Vorschüben f bei ansonsten konstanten Bedingungen. Da sich die Reibspurbreite und -tiefe in Abhängigkeit von der Anpresskraft F_N unterschiedlich ausbildet, war zunächst der kritische Vorschub $f_{krit}(F_N)$ zu ermitteln, bei dessen Anwendung der Reibstift über eine frische Oberfläche reibt und sich die plastisch deformierten Zonen zweier benachbarter Reibspuren nicht überlagern. Das Ergebnis ist in Abbildung 8.3 (b) dargestellt.

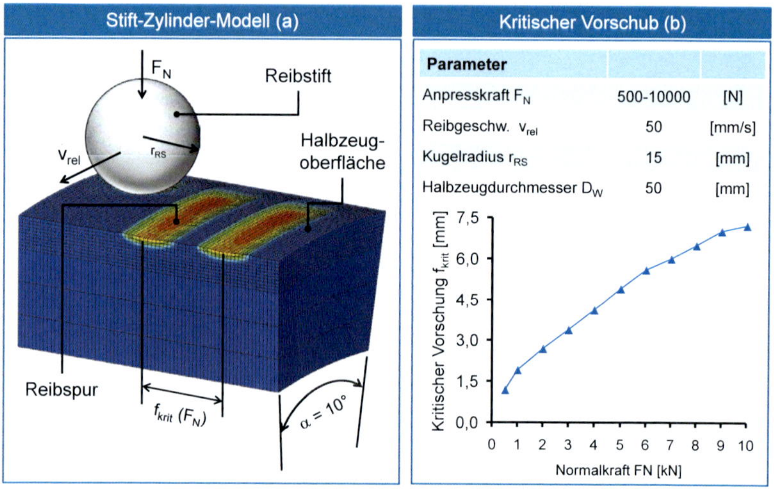

Abbildung 8.3: FE-Modell des Stift-Zylinder-Tribometers (a) und Ermittlung des kritischen Vorschubs f_{krit} (b)

FA model of the pin-on-cylinder tribometer (a) and critical feed f_{krit} (b)

Die gewonnenen Erkenntnisse wurden anschließend bei der Auslegung und Durchführung der experimentellen Versuchsreihen genutzt, um sicherzustellen, dass der Einfluss der mikroskopischen Oberflächenstruktur auf dem Halbzeug unabhängig von weiteren Parametern in die Analyse einfließen kann. Die numerische Modellierung der mikroskopischen Halbzeugtopografie wurde in dem hier gezeigten numerischen Modell nicht betrachtet. Es werden lediglich die makroskopischen Größen abgebildet.

Numerische Analyse des tribologischen Kontakts

Zur Analyse der tribologischen Randbedingungen wurden die plastische Deformation in Form des Vergleichsumformgrades φ_V und die auftretenden Vergleichsspannungen σ_V nach von Mises im Reibkontakt bei unterschiedlichen Anpresskräften F_N ermittelt. Die geometrische Deformation am Gegenkörper, also die Ausbildung der Reibspur, ist ähnlich der Erkenntnisse, die Maßmann zum Kontakt im Schwerlast-Stift-Scheibe-Tribometer in seinen Arbeiten beschrieben hat [Maßm07]. Am linken und rechten Rand der Reibspur entstehen leichte Materialüberhöhungen, die aufgrund eines Materialflusses quer zur Reibrichtung entstehen (siehe Abbildung 8.4, F_N = 10000 N). Vor dem Reibstift „läuft“ eine plastische Welle aus Gegenkörpermaterial, das der Reibstift vor sich herschiebt.

Unabhängig von der Anpresskraft entsteht der maximale Umformgrad am tiefsten Punkt in der Reibspur. Bei F_N = 500 N liegt der maximale Vergleichsumformgrad bei ca. $\varphi_{V,max} = 0{,}2$ und bei F_N = 10 kN bei $\varphi_{V,max} = 1{,}8$.

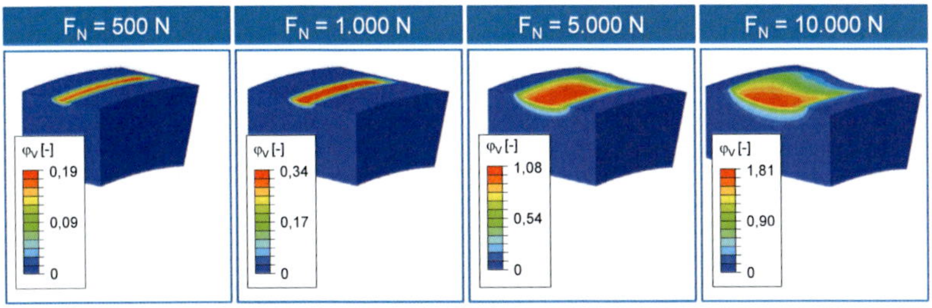

Abbildung 8.4: Vergleich des Umformgrades auf dem Halbzeug bei unterschiedlichen Anpresskräften F_N

Comparison of the principle strain at different contact forces F_N

Zusätzlich wurden die Kontaktnormalspannungen in Abhängigkeit von der Anpresskraft F_N numerisch analysiert.

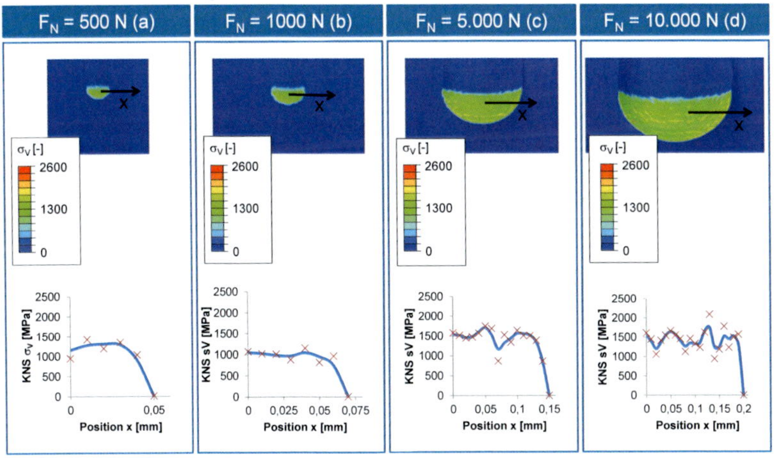

Abbildung 8.5: Kontaktnormalspannungen bei unterschiedlichen Anpresskräften F_N

Contact pressures at different contact forces F_N

Abbildung 8.5 zeigt in der oberen Bildhälfte die Spannungsverteilung in der Kontaktzone und im unteren Bildbereich jeweils die maximale Kontaktnormalspannung, gemessen entlang eines Linescans quer zur Reibrichtung (x-Achse). Mit steigender Anpresskraft F_N vergrößert sich auch die Kontaktfläche zwischen Reibstift und Halbzeugoberfläche. Die Kontaktnormalspannung σ_V sind daher relativ konstant und liegen im Bereich zwischen 1.500 und 1.750 MPa (vergleiche Abbildung 8.5 (a) und (d)).

8.1.4 Experimentelle Versuche

Durch eine experimentelle Parameterstudie mittels des neuentwickelten Stift-Zylinder-Tribometers erfolgte eine Überprüfung der aufgestellten Hypothesen zur Wirkungsweise von mechanisch gestrahlten, mikroskopischen Oberflächenstrukturen auf die Reibung in der Kaltmassivumformung (siehe Kapitel 8.1.5). Darüber hinaus wurden mit dem Tribometer umfassende Verschleißanalysen durchgeführt, anhand derer der Einfluss gestrahlter Oberflächenstrukturen auf den Werkzeugverschleiß des entwickelten TiZrN/CrN+CrN Schichtsystems untersucht wurde. Folgende Parameter wurden untersucht: Die Oberflächenrauheit der Halbzeugwelle wurde in drei Stufen, die Anpresskraft F_N in zwei Stufen variiert. Die einzelnen Parameterstufen und die ermittelten Reibwerte im Stift-Zylinder-Tribometer sind Tabelle 8.1 zu entnehmen. Die Oberfläche des Reibstiftes wurde bürstpoliert und anschließend mit der TiZrN/CrN+CrN-Schicht beschichtet. Als Schmierstoff kam das in dieser Arbeit entwickelte, esterbasierte Öl C zu Anwendung und wurde mittels Minimalmengenschmierung (Steidle Lubrimat) appliziert. Alle Versuchsreihen wurden bei einer Relativgeschwindigkeit $v_{rel} = 50$ mm/s durchgeführt. Der Reibweg, den der Reibstift im Kontakt zurückgelegte, betrug jeweils ca. 50 m, die Reibdauer t entsprechend ca. 500 Sekunden.

8.1.5 Reibwertanalyse

Abbildung 8.6 (a) zeigt einen Ausschnitt von vier typischen Reibwertverläufen über der Reibdauer t zu Beginn der Versuchsreihen. Bereits hier kann der Einfluss der mikroskopischen Oberflächenstruktur auf den Reibwert deutlich nachgewiesen werden. Eine Gegenüberstellung der gemittelten Reibwerte (Reibwert über jeweils drei Wiederholun-

Tabelle 8.1: Reibwertvergleich im Stift-Zylinder-Tribometer
Comparison of the friction coefficients in pin-on-cylinder tribometer

		Oberflächenrauheit R_z [μm]		
		1	10	40
Anpresskraft F_N [kN]	1	0,123	0,099	0,117
	5	0,222	0,202	0,191

gen mit konstanten Prozessparametern gemittelt) in Abbildung 8.6 (b) zeigt folgende Zusammenhänge: Die geringste Oberflächenrauheit (Rz = 1 μm) erzeugt den höchsten Reibwert sowohl bei geringer als auch bei hoher Anpresskraft F_N. Mit steigender Rauheit der Halbzeugoberfläche fällt der gemessene mittlere Reibwert bei geringer und auch hoher Anpresskraft. Der wesentliche Unterschied zeigt sich bei der höchsten Rauheit von Rz = 40 μm. Während die gemessenen Reibwerte bei geringer Anpresskraft wieder deutlich steigen, fällt der Reibwert bei hoher Anpresskraft weiter ab.

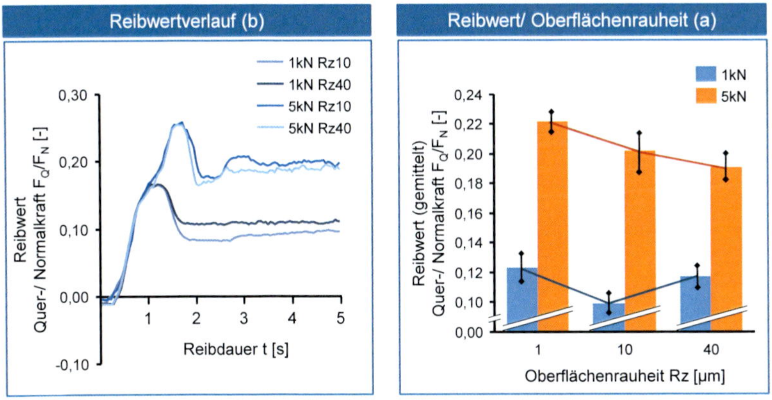

Abbildung 8.6: Gegenüberstellung von gemessenen Reibwertverläufen über der Zeit im Stift-Zylinder-Tribometer (a) und Reibwert in Abhängigkeit von der Oberflächentopografie und der Anpresskraft F_N (b)

Comparison of friction value measured over time (a) friction coefficient as a function of the surface topography and the contact force F_N (b)

Diese Ergebnisse zeigen zunächst einmal, dass der Einfluss einer mikroskopischen Oberflächenstruktur auf die Prozessreibung im Stift-Zylinder Tribometer deutlich nachgewiesen werden kann. Darüber hinaus visualisieren die Ergebnisse, dass es einen Zusammenhang zwischen der Reibkraft, der Anpresskraft und der Oberflächenrauheit gibt. Während bei geringen Anpresskräften die mittlere Oberflächenrauheit (Rz = 10 μm) zum niedrigsten Reibwert führten, war der geringste Reibwert bei hohen Anpresskräften bei der größten Oberflächenrauheit zu messen. Mit den Erkenntnissen aus den numerischen Simulationen (siehe Abbildung 8.4 und Abbildung 8.5), dass mit steigender Anpresskraft F_N auch der Umformgrad φ_V größer wird, die Kontaktnormalspannung jedoch relativ konstant bleibt, kann hier folgender Zusammenhang formuliert werden: Je höher der Umformgrad an der Oberfläche, desto größer muss die Oberflächenrauheit der Halbzeugoberfläche sein, um die Reibung zu minimieren. Daraus lässt sich für industrielle Fertigungsprozesse ableiten, dass die mechanische Strahlbearbeitung in Abhängigkeit des Vergleichsumformgrades φ_V an der Oberfläche des zu fertigenden Bauteils erfolgen muss.

8.1.6 Verschleißanalyse

Die in den Reibversuchen eingesetzten Reibstifte wurden nach Versuchsende auf Verschleißerscheinungen an der Kontaktfläche analysiert (siehe Abbildung 8.7). Adhäsion konnte generell an keiner Probe festgestellt werden. Der Übergang zwischen Kontaktfläche und der Oberfläche ohne Kontakt (siehe Abbildung 8.7(a)) war an allen Oberflächen deutlich auszumachen. Die CrN-Decklagenstruktur weist in der Kontaktzone eine veränderte Topografie auf, die etwas rauer erscheint als im Ausgangszustand (siehe Abbildung 8.7 (a)).

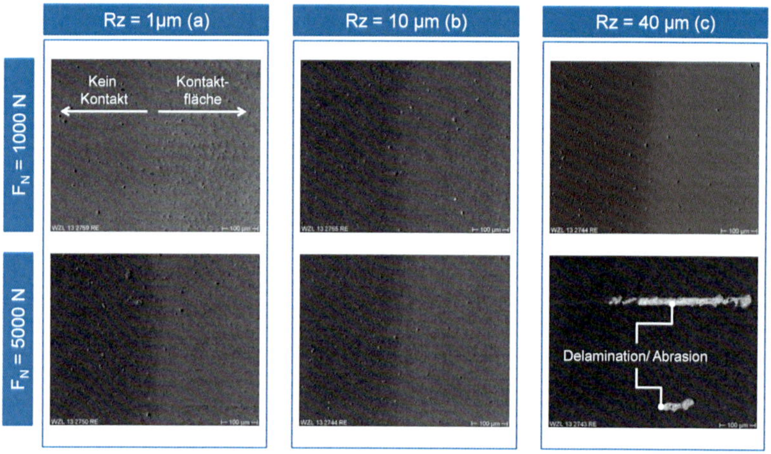

Abbildung 8.7: Verschleißanalyse am Reibstift bei unterschiedlichen Halbzeugrauheiten
Wear analysis on the pin

Insbesondere bei hohen Anpresskräften F_N und der einer rauen Halbzeugoberfläche ($Rz = 40\ \mu m$) konnten an einigen wenigen Stellen Delaminationen auf der Hartstoffschicht nachgewiesen werden, die im Rasterelektronenmikroskop Ritzspuren aus einem Scratchtest ähnelten. In diesem Zusammenhang konnte in REM- und EDX-Analysen der Halbzeugoberfläche festgestellt werden, dass durch den mechanischen Strahlprozess gesplitterte Kornreste der hochabrasiven Edelkorundkörnern in die Oberfläche „eingeformt" waren (siehe Abbildung 8.8), die bei den hohen Anpressdrücken wie eine diamantene Ritznadel des Scratchtesters über die Schichtoberfläche reiben und hier vereinzelt zu lokalen Delaminationen führen kann.

Abbildung 8.8: Korundeinlagerungen an der Halbzeugoberfläche

Corundum inclusions on the surface of the semi finished part

Aus diesen Ergebnissen bleibt festzuhalten, dass in der industriellen Anwendung beim mechanischen Strahlen von Halbzeugen für die zinkphosphatfreie Kaltmassivumformung ein Strahlgut zur Anwendung kommen muss, welches beim Auftreffen auf die Halbzeugoberfläche keine abrasiven Splitter einformt, die im anschließenden Umformprozess zu lokalen Delamination an der Beschichtung des Werkzeugs führen können. Generell kann der hier entwickelten TiZrN/CrN+CrN-Beschichtung eine sehr gute Verschleißfestigkeit sowie eine gute Verbundhaftung bescheinigt werden, die in Kombination mit dem esterbasierten Schmierstoff (Öl C) Adhäsion bei der zinkphosphatfreien Kaltmassivumformung unter den hier betrachteten Randbedingungen vollständig unterbinden kann.

8.2 Experimentelle Validierung beim Napf-Rückwärts-Fließpressen

Die Erkenntnisse aus den Versuchsreihen im Stift-Zylinder-Tribometer zeigen, dass das entwickelte Tribosystem grundsätzlich die Substitution einer Zinkphosphatierung ermöglicht. Dennoch bringen tribometrische Analogieversuche wie das vorgestellte Stift-Zylinder-Modell immer eine Abstraktion der realen Bedingung mit sich. Im folgenden Kapitel wird daher das entwickelte Tribosystem anhand eines Napf-Rückwärts-Fließpressprozesses untersucht. Insbesondere sollte hierdurch erforscht werden, ob der Einfluss der mikroskopischen Halbzeugtopografie auf die Prozessreibung auch unter industrienahen Bedingungen nachgewiesen und die bisherigen Erkenntnisse validiert werden können. Versuchsaufbau, -durchführung und die gewonnenen Erkenntnisse werden im Folgenden diskutiert.

8.2.1 Versuchsaufbau und mechanisches Strahlen der Halbzeuge

Der Versuchsaufbau des hier verwendeten NRFP-Prozesses ist in Abbildung 8.9 dargestellt. Die Geometrie der formgebenden Werkzeugelemente sowie die Vorspannung der einfach armierten Matrize entsprechen der VDI-Richtlinie 3186 [Vere97]. Der Durchmesser der Matrize betrug $D_{M,NRFP} = 40$ mm und der des Fließpressstempels $D_{S,NRFP} = 30$ mm. Die

Aktivelemente Fließpressmatrize und Fließpressstempel wurden nach der schleiftechnischen Feinbearbeitung durch das in Kapitel 6.3 vorgestellte Bürstpolieren feinbearbeitet und anschließend mit TiZrN/CrN+CrN beschichtet.

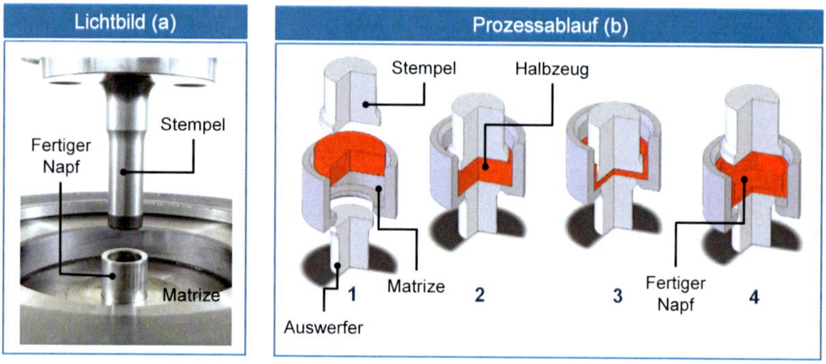

Abbildung 8.9: Lichtbildaufnahme (a) und Prozessablauf des untersuchten NRFP-Prozesses (b)

Imagage (a) and process steps of the investigated NRFP process (b)

Die Halbzeugrohlinge (Durchmesser $D_{H,NRFP} = 40$ mm, Höhe $h_{H,NRFP} = 50$ mm) wurden aus Stangenmaterial des Einsatzstahls 16MnCrS5 (siehe Kapitel 4.1) gedreht und anschließend einer mechanischen Strahlbehandlung unterzogen. Als Strahlgut wurde Edelkorund (EK) unterschiedlicher Körnungen verwendet. Die Strahlparameter können Tabelle 8.2 entnommen werden. In Abhängigkeit von den Strahlparametern wurden an den Halbzeugen Oberflächenrauheiten von Rz $\approx 10\ \mu$m (S1), Rz $\approx 40\ \mu$m (S2) und Rz $\approx 80\ \mu$m (S3) erzeugt. Diese Werte wurden mittels taktiler, zweidimensionaler Oberflächenvermessung (Perthometer der Fa. Mahr) gemessen und bilden einen Mittelwert aus vier Messungen in axialer Richtung auf der Mantelfläche jeder Probe. Die Messungen waren um jeweils 90° in Umfangsrichtung versetzt.

Als Schmierstoffe wurden die in dieser Arbeit entwickelten Öle A (Basis: Polyalphaolefine) und C (Basis: Ester) miteinander verglichen (siehe Kapitel 7). Der Schmierstoffauftrag erfolgte manuell mittels Tauchschmierung und einer konstanten Abtropfzeit. Hierdurch konnte sichergestellt werden, dass genügend Schmierstoff in der Wirkfuge vorliegt und es nicht zu einer Mangelschmierung während des Prozesses kommt, die eine vorzeitige Beschädigung der Beschichtung zur Folge haben könnte.
Alle Napf-Versuche wurden mit einer maximalen Stempelkraft von $F_{St,max} = 2000$ kN durchgeführt. Bei einer konstanten Stempelkraft und Prozessparametern ist somit die Prozessreibung der wesentliche Faktor für den Materialfluss im Werkzeug und bestimmt die finale Bauteilhöhe nach Beendigung eines Versuchs. Demnach kann aus dem Aspekt-

Tabelle 8.2: Strahlparameter für die mechanische Oberflächenpräparation der Halbzeugproben zum Napf-Rückwärts-Fließpressen
Blast parameters for mechanical surface preparation of semi-finished cup-backward extrusion samples

Nr.	Oberflächenbehandlung	Korn	Strahldruck [bar]	Oberflächenrauheit [μm]
S1	Mechanisches Strahlen	EK 150	4	≈ 10
S2	Mechanisches Strahlen	EK 100	4	≈ 10
S3	Mechanisches Strahlen	EK 046	4	≈ 10

verhältnis eines Napfes auf die im Prozess vorhandene Prozessreibung geschlossen werden. Das Aspektverhältnis definiert sich wie folgt:

$$\text{Aspektverhältnis AV [-]} = \frac{\text{Tiefe der Napfbohrung } h_N \text{ [mm]}}{\text{Bohrungsdurchmesser } D_B \text{ [mm]}} \tag{8.1}$$

Als Aspektverhältnis wird das Verhältnis aus der Tiefe bzw. Höhe einer Struktur zu ihrer (kleinsten) lateralen Ausdehnung bezeichnet. Bei dem hier vorgestellten Napf-Versuch bedeutet dies, je höher das Aspektverhältnis, desto geringer die Reibung im Prozess. Insgesamt wurden in jeder Versuchsreihe zehn Wiederholungen unter identischen Prozessrandbedingungen durchgeführt, um die Ergebnisse statistisch abzusichern.
Die hier durchgeführten Versuchsreihen fokussierten im Wesentlichen auf die Prozessreibung und weniger auf den Verschleiß im Prozess. Dabei stand die Forschungsfrage im Raum, ob der Einfluss von mikroskopischen Halbzeugtopografien auf die Prozessreibung auch im industrienahen Analogieprozesses der Kaltmassivumformung nachgewiesen werden kann. Für Verschleißanalysen sei auf die Feldversuche in Kapitel 9 verwiesen.

8.2.2 Diskussion der Versuchsergebnisse

Zunächst wurde der Einfluss unterschiedlicher Schmierstoffe auf die Reibung im Prozess analysiert. Hierzu wurden die Schmierstoffe A und C unter ansonsten konstanten Parametern vergleichend gegenübergestellt. In der ersten Versuchsreihe wurden die gestrahlten Rohlinge mit den Strahlparametern S1 (Rz = 10 μm) eingesetzt und die Aspektverhältnisse der fließgepressten Näpfe ermittelt und verglichen. Abbildung 8.10(a) zeigt, dass sich die gemessenen Aspektverhältnisse lediglich marginal unterscheiden. Das geringste Aspektverhältnis hatten die Näpfe zu Beginn der Versuchsreihen mit einem AV = 0,44 (Öl A) und 0,45 (Öl C). Die letzten Näpfe in der jeweiligen Versuchsreihe hatten Aspektverhältnisse von AV = 0,45 (Öl A) und 0,48 (Öl C).

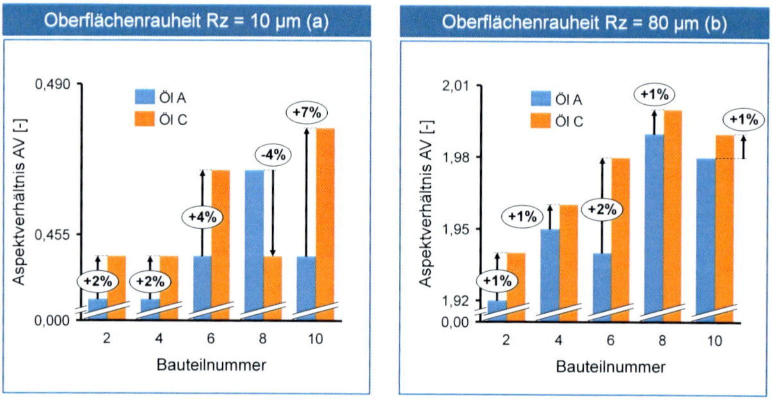

Abbildung 8.10: Analyse des Schmierstoffeinflusses auf das Aspektverhältnis bei Verwendung von gestrahlten Halbzeugen mit einer Oberflächenrauheit Rz = 10 μm (a) und Rz = 80 μm (b)

Analysis of the lubricant influence on the aspect ratio with surface roughness of Rz = 10 μm (a) and Rz = 80 μm (b)

Ein signifikanter Unterschied zwischen den beiden untersuchten Schmierstoffen ist hieraus nicht abzuleiten. Der gemessene maximale prozentuale Unterschied im Aspektverhältnis zweier Näpfe, die mit unterschiedlichen Ölen gefertigt wurden, liegt bei lediglich sieben Prozent (siehe Abbildung 8.10 (a)). Dieser Wert liegt bei den hier dargestellten Versuchen fast noch im Bereich der Messungenauigkeit. Auffällig ist lediglich der leichte Anstieg aller gemessenen Aspektverhältnisse über die gesamte Versuchsreihe. Es ist anzunehmen, dass hier sowohl der Schmierungszustand in der Matrize (bessere Schmierung nach zehn Hüben zu erwarten) als auch die thermischen Bedingungen (Matrize nach zehn Hüben leicht aufgewärmt) einen Einfluss auf das Ergebnis haben. Ein ähnliches Bild zeigt sich bei einem Vergleich des Schmierstoffeinflusses auf das Aspektverhältnis bei der Verwendung der Halbzeuge mit einer Oberflächenrauheit von Rz = 80 μm. Hier liegen die maximalen prozentualen Abweichungen innerhalb eines Versuchs mit lediglich zwei Prozent noch unter den obigen Werten. Wiederum ist auch hier eine Art „Einlaufeffekt“ zu erkennen. Liegen die Aspektverhältnisse zu Versuchsbeginn noch zwischen AV = 1,92 (Öl A) und 1,94 (Öl C), so steigen die Werte bis zum 10 Hub auf 1,98 (Öl A) und 1,99 (Öl C) an (siehe Abbildung 8.10 (b)). Auch hier sind die bereits oben diskutierten Prozessrandbedingungen Schmierungszustand und Werkzeugtemperatur eine plausible Erklärung für diesen Effekt. Generell kann wiederum kein signifikanter Einfluss des Schmierstoffs auf die Reibung festgestellt werden. Anders sieht dies bei der Betrachtung des Einflusses der mikroskopischen Halbzeugtopografie auf die Reibung aus. Vergleicht man die absoluten

Werte der Aspektverhältnisse aus dem linken Diagramm (Abbildung 8.10 (a), Rz = 10 μm) mit den Werten aus dem rechten Diagramm (Abbildung 8.10 (b), Rz = 80 μm), so fällt der Unterschied relativ deutlich aus. Eine Gegenüberstellung der Ergebnisse aus den Versuchsreihen mit allen untersuchten Oberflächen zeigt den signifikanten Einfluss (siehe Abbildung 8.11).

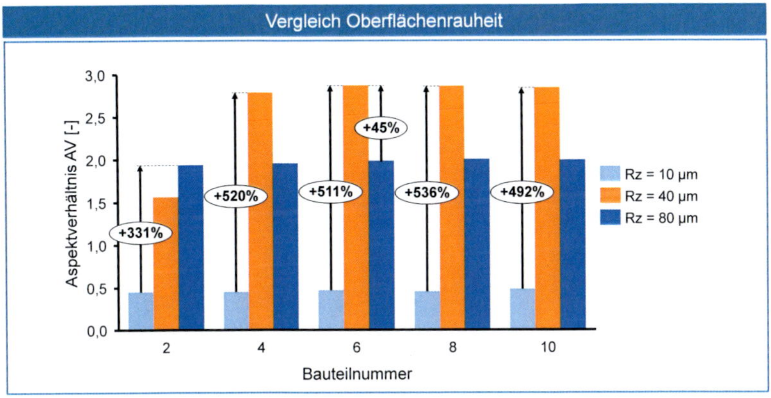

Abbildung 8.11: Einfluss der mikroskopischen Oberflächenrauheit auf das Aspektverhältnis beim Napf-Rückwärts-Fließpressen

Influence of microscopic surface roughness on the aspect ratio in cup-backward extrusion process

Bei diesen Versuchen kam ausschließlich der Esterschmierstoff (Öl C) zum Einsatz. Die gemessenen Aspektverhältnisse zeigen den signifikanten Einfluss der mikroskopischen Oberflächenstruktur auf die Reibung im Prozess beim Napf-Rückwärts-Fließpressen. Die geringsten Napfhöhen respektive Aspektverhältnisse werden demnach mit den feingestrahlten Halbzeugoberflächen (Rz = 10 μm) erreicht. Demgegenüber stehen die Näpfe mit den mittleren Oberflächenrauheiten (Rz = 40 μm), die extreme Aspektverhältnisse von bis zu AV = 2,87 erzielen. Dies führt dazu, dass der Napfboden lediglich noch einige Millimeter dick ist und der Großteil des Werkstoffs in die Napfwand fließt, um überhaupt dieses Aspektverhältnis aus dem Rohling fertigen zu können. Steigt die Rauheit am Bauteil weiter an, steigt auch die Reibung äquivalent und die Aspektverhältnisse werden kleiner. Die maximalen erzielten Aspektverhältnisse bei einer Oberflächenrauheit von Rz = 80 μm liegen bei AV $\approx$ 2.

Diese Ergebnisse spiegeln die Erkenntnisse aus den Untersuchungen zum Ringstauchversuch in Kapitel 5.1 wider und untermauern die Modellvorstellung aus den Versuchsreihen mit dem Schwerlast-Stift-Zylinder-Tribometer. Auch hier konnte unter bestimmten Prozessrand-

bedingungen beobachtet werden, dass die Reibung mit stetig steigender Oberflächenrauheit zunächst kleiner wird und nach einem Minimum anschließend wieder größer wird. Bei den hier durchgeführten Versuchen zum Napfrückwärts-Fließpressen zeigte sich dieser Effekt sehr viel deutlicher als beim Ringstauchen und im Tribometer. Zurückzuführen ist dies auf die unterschiedlichen Kontaktverhältnisse zwischen Werkzeug und Werkstück bei den Verfahren Ringstauchen, Stift-Zylinder-Tribometer und NRFP. Während beim Ringstauchen grundsätzlich die gesamte Stirnfläche im Kontakt mit dem Werkzeug ist (instationärer Prozess) handelt es sich beim NRFP um einen stationären Prozess, bei dem das Material sukzessive umgeformt wird.
Die gewonnenen Erkenntnisse aus den Versuchen zum NRFP untermauern darüber hinaus die Modelltheorie, die aus den numerischen Simulationen in Kapitel 5.3.2 abgeleitet wurde. Demnach sinkt der Reibwert zunächst mit steigender Oberflächenrauheit aufgrund des steigenden Leerflächenanteils A_l gegenüber dem Anteil des direkten Werkzeug-Werkstück Kontakts. Gleichzeitig steigen auch die Kontaktnormalspannungen an den verbleibenden Kontaktflächen zwischen Werkzeug und Werkstück im Mischreibungsgebiet und dadurch auch die lokale Scherreibung τ_R. Eine weitere Steigerung der Leerflächen durch eine gröbere Mikrotopografie hat dann zur Folge, dass die lokale Scherreibung aufgrund steigender Kontaktnormalspannungen ebenfalls weiter ansteigt und den positiven Effekt der hydrostatischen Druckpolster teilweise wieder aufhebt. Die Gesamtreibung im Prozess steigt wieder.

Fazit: Die Ergebnisse aus den Untersuchungen zum Napf-Rückwärts-Fließpressen haben deutlich gezeigt, dass der Einfluss der mikroskopischen Halbzeugtopografien auf die Prozessreibung bei der bonderfreien Kaltmassivumformung signifikant ist. Aus Versuchsreihen mit drei unterschiedlich gestrahlten Halbzeugen konnte die Erkenntnis gewonnen werden, dass eine sehr feine Oberflächenrauheit von Rz = 10 μm eine hohe Prozessreibung zur Folge hat. Sehr rauhe Oberflächen haben einen deutlich größeren Effekt auf die Reibung, derweil eine große Menge Schmierstoff in die Wirkfuge transportiert wird und eine große Anzahl hydrostatischer Druckpolster im Prozess ausgebildet wird. Die große Fläche an hydrostatischen Druckpolstern wiederum lässt die Kontaktnormalspannungen zwischen Werkzeug und Werkstück in den verbleibenden Kontaktbereichen ansteigen, so dass lokal sehr hohe Reibspannungen entstehen. Diese treten weniger stark in Erscheinung, wenn das Verhältnis zwischen dem Flächenanteil der hydrostatischen Druckpolster und der Kontaktfläche zwischen Werkzeug und Werkstück ein Optimum erreicht. Dies konnte in den hier dargestellten Untersuchungen bei einer mittleren Rauheit der Halbzeugoberflächen (Rz = 40 μm) erzielt werden. Die Aspektverhältnisse dieser Näpfe lagen bis zu 500% über den Werten, die mit der feinen Oberflächentopografie (Rz = 10 μm) erzielt wurden und bis zu 50% über den Werten mit der Oberflächenrauheit von Rz = 80 μm.

9 Experimentelle Validierung im industriellen Feldversuch

Experimental validation in industrial field test

Ein wesentlicher Vorteil von Feldversuchen besteht in der Möglichkeit, wissenschaftliche Erkenntnisse unter Praxisbedingungen zu validieren. Gegenüber den in Kapitel 8 erzeugten Daten werden durch das industrielle Umfeld auch Fremdeinflüsse des Fertigungssystems in die Untersuchungen mit einbezogen. Hierdurch kann sichergestellt werden, dass das neu entwickelte Tribosystem in allen Belangen den Randbedingungen im industriellen Einsatz genügt. Das Ziel in der Validierungsphase war es daher, anhand eines Umformprozesses aus dem Bereich der Kaltmassivumformung zu zeigen, dass das in dieser Arbeit entwickelte Tribosystem auch unter industriellen Einsatzbedingungen eine zinkphosphatfreie Kaltmassivumformung möglich macht.

9.1 Werkzeugkonzept und Werkstück

Betrachtet wurde ein kombinierter Napf-Rückwärts-/ Voll-Vorwärts-Fließpressprozess zur Herstellung von Axialgehäusen, die in PKW-Lenksystemen zur Anwendung kommen (siehe Abbildung 9.1).

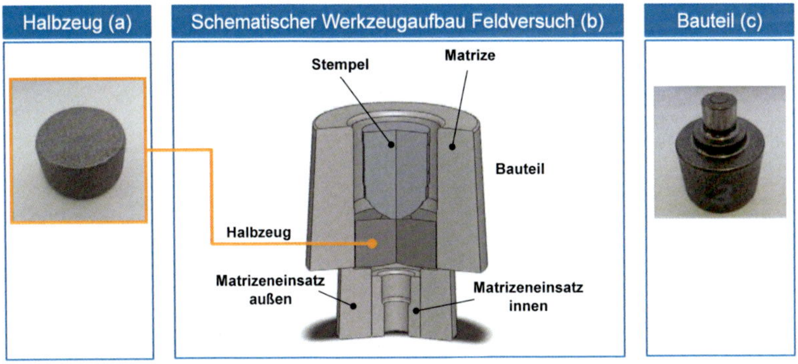

Abbildung 9.1: Halbzeug (a) Werkzeugaufbau (b) und fertiges Fließpressteil (c)

Micro blasted workpiece (a) tool design (b) and finished part (c)

Aufgrund der Bauteilgeometrie mit engen Innen- und Außenradien stellt der Prozess hohe Ansprüche an das tribologische System der Kaltmassivumformung. Die Matrizen- und insbesondere die Stempelgeometrie wiesen enge Außen- und Innenradien auf, die hohe mechanische Belastungen auf das Werkzeug erwarten ließen. Daher stand der mechanisch hochbelastete Fließpressstempel im Fokus der Analysen. Die konventionelle Prozesskette zur Herstellung des Axialgehäuses wird mit einem zinkphosphatierten Halbzeug durchgeführt, das kurz vor dem Umformprozess mit einem additivierten Fließpressöl besprüht wird.

9.2 Numerische Prozesssimulation

Zur Ermittlung der tribologischen Lasten auf das Werkzeug und die Werkzeugbeschichtung wurden vor der experimentellen Versuchsdurchführung numerische Simulationen mittels FEM durchgeführt. Anhand der numerisch ermittelten Kontakt- und Vergleichsspannungen kann so eine Abschätzung über die mechanischen und tribologischen Lasten auf die Werkzeuge im betrachteten Umformprozess erfolgen. Dieser wiederum sollen als spätere Bewertungsgrundlage für eine Einschätzung der Leistungsfähigkeit des entwickelten zinkphosphatfreien Tribosystem dienen.

9.2.1 Modellaufbau

Hierzu wurden die Aktivelemente im Umformwerkzeug digitalisiert und in der Simulationssoftware Deform^{TM}-3D (Version 10.1) numerisch modelliert. Abbildung 9.2 (a) zeigt das dreidimensionale CAD-Modell des Werkzeugaufbaus in der Außenansicht.

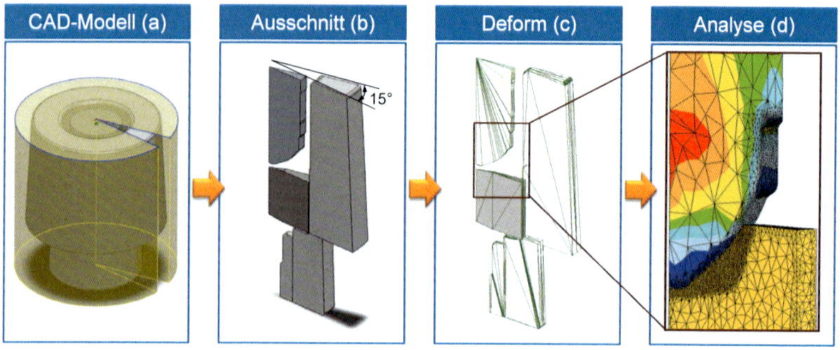

Abbildung 9.2: Modellaufbau zur Analyse der tribologischen Lasten

Model development to analyze the tribological loads

Aufbauend auf 3D-CAD Daten wurde das Modell segmentiert (siehe Abbildung 9.2 (b)). Die Achsensymmetrie um die Längsachse des Werkzeugs ermöglichte es, den Betrachtungsraum auf einen Ausschnitt von 15° ohne Informationsverluste zu reduzieren und somit den Rechenaufwand zu reduzieren. Bild (c) in Abbildung 9.2 zeigt den Modellaufbau in der Simulationssoftware Deform^{TM}-3D und Bild (d) den vernetzten Volumenkörper des Fließpressstempels im Kontakt mit dem Halbzeug. Der Stempel wurde in diesem Modell elastisch abgebildet. Ebenso erfolgte die Abbildung der TiZrN/CrN-Schicht auf der Stempeloberfläche. Die verwendete FEM-Software DEFORMTM^{TM}-3D modelliert die Hartstoffschicht mittels eines eigenen FE-Netzes mit einer Dicke von 5 μm und weist diesem die mechanischen und thermischen Eigenschaften des in dieser Arbeit entwickelten TiZrN/CrN-Schichtwerkstoffs zu. Um sicherzustellen, dass das numerische Simulationsmodell die Realität mit einer ausreichend hohen Genauigkeit abbildet, wurde dieses sowohl anhand der Prozesskraft - ausgelesen über eine Kraftmessung an der Presse im industriellen Feldversuch - und darüber hinaus in Form eines geometrischen Vergleichs der Bauteilabmessungen verifiziert. Anschließend erfolgte die numerische Analyse der mechanischen Belastungen auf den Fließpressstempel (siehe Abbildung 9.3).

9.2.2 Numerische Simulation der Werkzeugbelastungen

In Abbildung 9.3 (b) ist der Verlauf der simulierten Kontaktnormalspannungen dargestellt, die am Fließpresstempel im Prozess auftreten. Die maximal simulierte Kontaktnormalspannung $\sigma_{N,max}$ trat am kleinsten Stempelradius im Bereich C (siehe Abbildung 9.3 (a))auf.

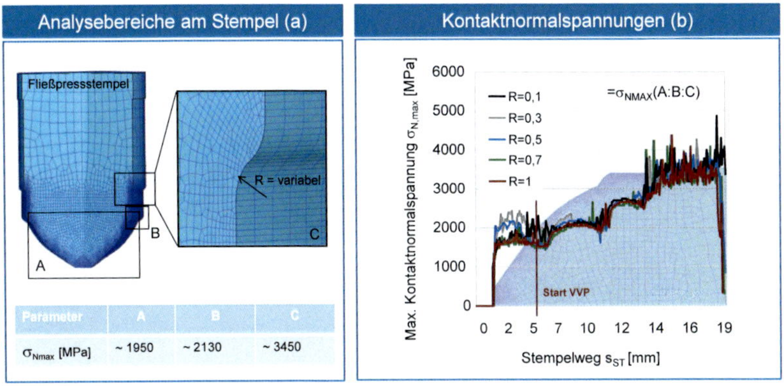

Abbildung 9.3: Analysebereiche am Fließpressstempel (a) und vergleichende Gegenüberstellung der Kontaktnormalspannungen bei einer Variation der Stempelgeometrie in hochbelasteten Bereichen (b)

Areas of interest and comparative analysis of the contact normal stresses depending on a variation of the punch geometry

Hier wurden Normalspannungen über 3000 MPa berechnet. Eine Variation des Radius' (Radius des Ausgangswerkzeugs R = 0,5) zwischen R = 0,1 mm und R = 1,0 mm zeigte, dass die Kontaktnormalspannung in diesem Bereich nur marginal von der Radiusgeometrie abhängt. Demgegenüber konnte eine deutliche Abhängigkeit der simulierten maximalen Vergleichsspannung $\sigma_{V,max}$ im Stempel vom Radius im Bereich C gezeigt werden (siehe Abbildung 9.4).

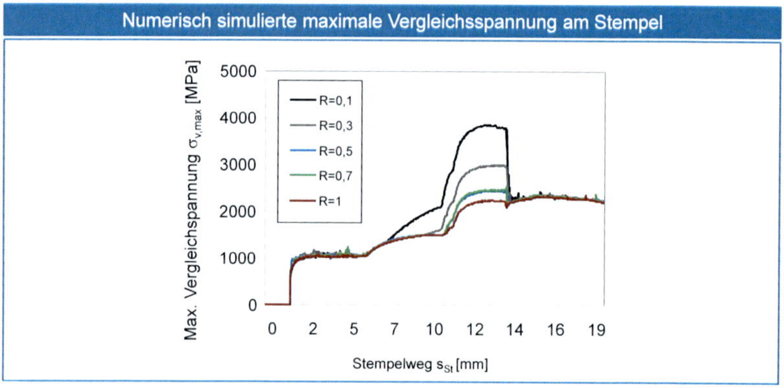

Abbildung 9.4: Numerisch simulierte maximale Vergleichsspannung am Stempel im Bereich des Radius C

Numerically simulated maximum von Mises-stress on the punch area at radius C

Mit sinkendem Radius steigt $\sigma_{V,max}$ deutlich an und erreicht bei Radien kleiner R = 0,5 mm Werte, die in den Grenzbereich einer plastischen Deformation des Werkzeug reichen. Von daher wurde aufgrund dieser Erkenntnisse der kritische Radius im Bereich C des Werkzeugs zu R_{min} = 0,5 mm definiert.

Fazit: Die Ergebnisse der numerischen Simulation konnten zeigen, dass das zu analysierende Werkzeug für die zinkphosphatfreie Kaltumformung im Feldversuch hohen mechanischen und somit auch tribologischen Lasten ausgesetzt ist. Der Untersuchungsgegenstand Fließpressstempel unterliegt im Prozess Kontaktnormalspannungen bis zu $\sigma_{N,max}$ = 3000 MPa und ist daher aus tribologischer Sicht als Kaltumformwerkzeug zu bewerten, welches sich sehr gut für eine industrielle Validierung eignet.

9.3 Experimentelle Versuchsdurchführung

Die Vorbereitung der industriellen Feldversuche startet mit der Weichbearbeitung aller Aktivelemente des Fließpresswerkzeugs aus dem Schnellarbeitsstahl Böhler S390mc

(Zusammensetzung siehe Kapitel 4). Nach der Wärmebehandlung wurden die Werkzeugkomponenten durch einen Hartdrehprozess auf Endmaß gefertigt und abschließend mit dem entwickelten Bürstpolierprozess automatisiert poliert. Die Rauheitswerte auf den Werkzeugen lagen hierbei zwischen Rz = 0,09 μm (Bohrungen in der Matrize) und Rz = 0,15 μm im Bereich der Stempelstirnfläche. Im Anschluss erfolgte die Applikation der Hartstoffschicht TiZrCrN+CrN/CrN, bestehend aus der nanolagigen Grundschicht und der strukturierten Decklage. An einem Prüfplättchen wurde eine Schichtdicke von $h_{\text{Schicht}} \approx 6$ μm ermittelt. Das mechanische Strahlen des Halbzeug erfolgte auf einer Schleuderradanlage. Die Oberflächenrauheit nach dem Strahlen lag bei Rz $\approx$ 38 μm (Wert gemittelt). Aufgrund der Anlagencharakteristik der Strahlanlage streute die Oberflächenrauheit relativ stark. Maximalwerte lagen bei Rz = 50 μm und minimale Werte bei Rz = 28 μm. Auf die konventionelle Zinkphosphatierung und Beseifung wurde verzichtet. Die Zuführung der Halbzeuge zum Werkzeug erfolgte automatisiert über ein Manipulatorsystem. Vor dem Einlegen des Halbzeugs in das Werkzeug wurde dieses durch eine Minimalmengenschmierung gleichmäßig mit Schmierstoff benetzt. Als Schmierstoff für die Feldversuche kam der in dieser Arbeit entwickelte geschwefelte Ester (Öl C, Ester-Mischung (40%) + EP-Additiv II (50%) + Verschleißschutz (10%)) zum Einsatz. Der Schmierstoff hatte eine Viskosität von ca. 100 cSt und wurde bei Raumtemperatur druch einen Sprühbeöler (Minimalmengenschmierung) appliziert. Zusätzlich wurden die Werkzeuge vor dem ersten Hub mit dem Schmierstoff in ausreichender Menge überzogen, um die Gefahr einer Mangelschmierung während der ersten Hübe zu unterbinden und das Schichtsystem hierdurch frühzeitig zu beschädigen.
Der untersuchte einstufige Feldversuch erfolgte auf einer Liebergeld Stufenpresse aus dem Baujahr 1986 mit einer maximalen Presskraft von 400 Tonnen. Da bis zum Zeitpunkt der Versuchsdurchführung noch keine Erfahrungen mit dem zu testenden Tribosystem und keine Kenntnisse hinsichtlich der zu erwartenden Kräfte vorlagen, fehlte es an zielführenden Maschinenparametern für das bonderfreie Kaltfließpressen der Axialgehäuse. Daher wurde der Prozess zunächst mit den Standardparametern aus dem konventionellen Prozess mit gebonderten Halbzeugen gestartet. Bei der Überprüfung der ersten Bauteile wurde festgestellt, dass die Bodenstärke des Pressteils um 0,2 mm unterschritten wurde. Dies konnte auf eine sehr geringe Prozessreibung und den dadurch vereinfachten Materialfluss erklärt werden. Um das Pressteil wieder in die Maßhaltigkeit zurückzubringen, wurde die Keilverstellung der Presse korrigiert und die maximale Pressenkraft reduziert. Anschließend waren alle gefertigten Bauteile in der Toleranz.
Zur Dosierung des Schmiermittels wurden zwei Minimalmengen-Sprühvorrichtungen eingesetzt. Die erste Sprühdüse erzeugte einen Ölnebel im Matrizeninnenraum mittels einer Lanze, die im unteren Werkzeugraum angebracht war. Die zweite Sprühdüse wurde zum Schmieren der oberen Stirnseite der Platinen in der Zuführung installiert. Während der gesamten Fertigung wurde die Presse lediglich einmal für 20 Minuten gestoppt, um die Position der Sprühdüse an der Zuführungsschiene zu optimieren. Beim Pressenstop waren bereits 923 Versuchsteile gefertigt. Anschließend lief die Presse im Dauerhub bis zum Versuchsende. Insgesamt wurden 5770 Bauteile gefertigt. Danach musste die Versuchsreihe mangels gestrahlter Halbzeuge abgebrochen werden.

Zur Analyse der Bauteilabmessungen und -toleranzen während der bonderfreien Fertigung wurde alle 100 Hübe ein Bauteil entnommen und analysiert. Alle gefertigten Bauteile waren maßhaltig und innerhalb der geforderten Toleranzen, die für die einstufige Fertigung gelten.

9.4 Verschleißanalyse der Werkzeuge

Im Anschluss an die Bauteilfertigung wurden die Aktivelemente aus dem Werkzeug ausgebaut und im REM hinsichtlich Verschleiß geprüft. Dabei konnte festgestellt werden, dass zwar marginale Verschleißspuren in Form von Schichtdelaminationen vorhanden waren, diese die Funktionalität des Werkzeugs und der Beschichtung jedoch in keinster Weise beeinflusst haben. Abbildung 9.5 zeigt REM-Aufnahmen mit 15facher Vergrößerung (b) und 300facher Vergrößerung.

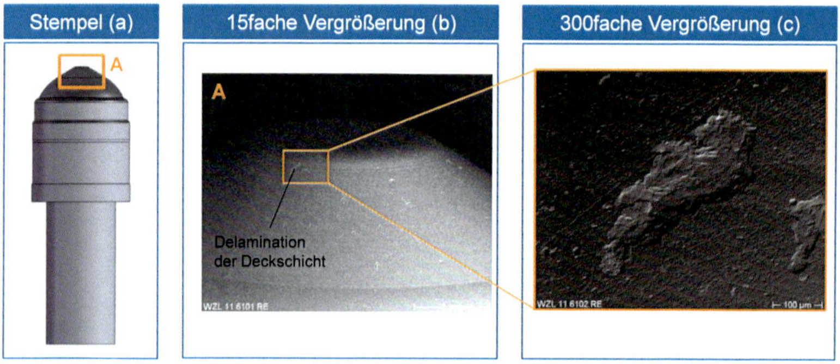

Abbildung 9.5: REM-Aufnahmen zur Verschleißanalyse am Stempelkopf bei 15facher Vergrößerung (b) und bei 300facher Vergrößerung (c)

SEM images of the wear analysis on the punch head surface at 15x magnification (b) and at 300x magnification (c)

Es zeigte sich, dass das Werkzeug in diesem hochbelasteten Bereich auch nach über 5000 Hüben lediglich sehr geringen Verschleiß in Form kleinerer Schichtdelaminationen (max. Delaminationslänge $l_{Del} = 450\ \mu m$) aufweist. Die gefundenen Schichtdelaminationen beziehen sich dabei auch nur auf die oberen Schichtlagen und setzen sich nicht bis auf das Werkzeugsubstrat fort. Somit besteht auch weiterhin der volle Verschleißschutz des Stempels. Ein sehr ähnliches Bild zeigt sich bei der Analyse der maximal belasteten Stempelflächen am Radius zum Übergang der Mantelflächen (siehe Abbildung 9.6). Auch hier ist die Haftung der Schicht als sehr gut zu bewerten. Delaminationsbereiche beschränken sich auf wenige kleine Stellen und reichen nicht bis auf das Substrat.

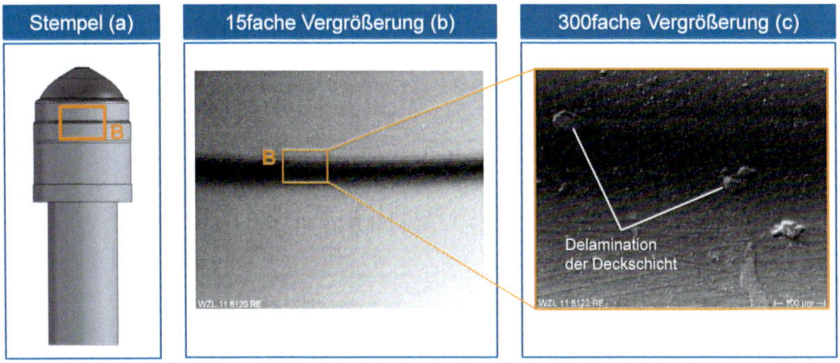

Abbildung 9.6: REM-Aufnahmen zur Verschleißanalyse am Stempelradius bei 15facher Vergrößerung (b) und bei 300facher Vergrößerung (c)

SEM images for the wear analysis on the punch radius surface at 15x magnification (b) and at 300x magnification (c)

Anhand der REM-Aufnahmen konnte allerdings auch nachgewiesen werden, dass die reibungsreduzierende Decklage nur noch an sehr wenigen, kaum belasteten Stellen am Werkzeug vorhanden war. Es ist anzunehmen, dass die CrN-Decklage aufgrund der extremen mechanischen Prozesslasten mit fortschreitender Prozessdauer einem abrasiven Verschleiß unterliegt und sich somit abreibt. Dieser Effekt konnte allerdings weder in Form sich verändernder Bauteiltoleranzen aufgrund einer anzunehmenden höheren Prozessreibung nachgewiesen werden, noch haben sich die gemessenen Prozesskräfte über die Anzahl der gefertigten Bauteile signifikant verändert.
Ein sehr ähnliches Verschleißbild konnte bei weiteren REM-Analysen an der Fließpressmatrize des Werkzeugs festgestellt werden. Auch dieses Aktivelement konnte den hohen tribologischen Lasten sehr gut standhalten. Es ist daher anzunehmen, dass eine sehr hohe Anzahl weiterer Bauteile mit dem hier vorgestellten bonderfreien Tribosystem gefertigt werden kann.

Fazit: Aus den Feldversuchen kann gefolgert werden, dass mit dem in dieser Arbeit entwickelten Tribosystem industrielle Kaltfließpressprozesse auch ohne eine Zinkphosphatierung der Halbzeuge realisierbar sind. Die Kombination aus TiZrN/CrN+CrN-Hartstoffschicht, einer mechanisch gestrahlten Werkstückoberfläche und dem entwickelten Esterschmierstoff führte zu einem niedrigen Reibniveau im Prozess. Der Verschleiß an den beschichteten Werkzeugen war auch nach 5000 gefertigten Bauteilen als sehr gering einzustufen und ermöglichte einen weiteren Einsatz der untersuchten Werkzeuge ohne Einschränkungen. Die eingangs formulierte Hypothese, dass die gezielte tribologische Abstimmung zwischen einer PVD-Werkzeugbeschichtung, einer mikroskopischen Halbzeugstruktur und einem esterbasierten Schmierstoff die Substitution von Zinkphosphatierungen und ökologisch bedenklichen Schmierstoffen in der Kaltmassivumformung ermöglicht, ist hiermit validiert.

10 Zusammenfassung und Ausblick

Summary and outlook

Das tribologische System in der Kaltmassivumformung ist geprägt durch eine Zinkphosphatschicht auf der Halbzeugoberfläche. Mit dieser Konversionsschicht wird den extremen tribologischen Anforderungen der Prozesse begegnet. Reibung und Verschleiß können so auf ein Niveau gesenkt werden, das die Kaltmassivumformung aus industrieller Sicht überhaupt erst wirtschaftlich möglich macht. Allerdings erfordert die Applikation von Zinkphosphatschichten als auch das Reinigen der beschichteten Bauteile nach dem Umformprozess einen hohen energetischen Aufwand. Phosphatieren und Reinigen verlängern zudem die Prozesskette und die Durchlaufzeiten und stellen somit einen wesentlichen Kostenfaktor dar. Ebenso sind einige bei der Zinkphosphatierung verwendete Stoffe unter ökologischen Gesichtspunkten nicht unumstritten. Hieraus ergibt sich die Motivation zur Erforschung von alternativen Tribosystem für die Kaltmassivumformung ohne eine Zinkphosphatierung der Halbzeuge. Die wesentliche Herausforderung hierbei liegt darin, die tribologischen Leistungsmerkmale der Zinkphosphatschicht - also die Reduktion von Reibung und Verschleiß - durch alternative Wirkmechanismen im Tribosystem der Kaltmassivumformung zu ersetzen.

Das primäre Ziel dieser Arbeit lag daher in der funktionalen Gestaltung und Abstimmung der tribologischen Wirkflächen des umzuformenden Halbzeugs, des Werkzeugs und des Schmierstoff als Zwischenmedium, um die zinkphosphatfreie Kaltmassivumformung unter industriellen Randbedingungen zu ermöglichen. Hierzu erfolgte eine grundlegende Erforschung des mikroskopischen Wirkflächenkontakts zwischen Halbzeug- und Werkstückoberfläche sowie die Interaktion beider Oberflächen mit einem flüssigen Schmierstoff als Zwischenmedium, um tribologische Alternativen zur Reibungs- und Verschleißreduktion abzuleiten und zielführende Gestaltungsrichtlinien für die einzelnen Tribosystempartner zu definieren.

Durch umfassende experimentelle Forschungsarbeiten beim Ringstauchen konnte zunächst nachgewiesen werden, dass eine mikroskopische Oberflächenstruktur auf der Ringoberfläche, die durch ein mechanisches Strahlverfahren erzeugt wurde, einen signifikanten Einfluss auf die Prozessreibung hat. In Interaktion mit dem flüssigen Schmierstoff im Prozess können so hydrostatische Druckpolster im Kontakt mit dem Werkzeug ausgebildet und die Prozessreibung signifikant gesenkt werden. Charakterisiert man diese Strukturen mittels dreidimensionaler Oberflächenrauheitskennwerte konnte gezeigt werden, dass mit steigender Rauheit die Reibung ebenfalls kleiner wird. Mit weiter zunehmender Oberflächenrauheit sinkt die Reibung zunächst bis auf ein Minimum, um anschließend wieder größer zu werden. Zur Erklärung dieses Effekts wurde ein dreidimensionales numerisches

Prozessmodell auf Basis der FEM entwickelt, das die Interaktion zwischen der mikroskopischen Oberflächentopografien und dem flüssigen Schmierstoff während der Einebnung im Kontakt mit dem Werkzeug abbildet. Ein hieraus abgeleitetes analytisches Erklärungsmodell formuliert den Zusammenhang zwischen der Kontaktspannung zwischen Werkzeug und Werkstück im direkten Umfeld einer Schmierstofftasche und dem hydrostatischen Schmierstoffdruck im Inneren der Schmierstofftasche. Die wesentliche Erkenntnis aus den numerischen Simulationen war, dass im Nahfeld einer geschlossenen Schmierstofftasche die Flächenpressung zwischen Werkzeug und Werkstück höher liegt als unter ungeschmierten Kontaktbedingungen. In Abhängigkeit von der Oberflächenrauheit kann so die Reibung durch eine geschlossene Schmierstofftasche zunächst deutlich gesenkt werden, durch eine lokal höhere Kontaktnormalspannung zwischen Werkzeug und Werkstück jedoch auch wieder leicht steigen.

Der Effekt der hohen lokalen Flächenpressungen wirkt sich nicht nur auf den Reibwert im Prozess aus, sondern ebenfalls auf die mechanischen Belastungen der Werkzeugoberfläche und den daraus resultierenden Verschleißangriff. Diesem wurde durch die Applikation einer keramischen Hartstoffbeschichtung auf PVD-Basis auf der Werkzeugoberfläche begegnet. Ein bereits in früheren Forschungsarbeiten untersuchtes, nanolaminates TiHfN/CrN-Schichtsystem aus dem Bereich der Zerspantechnik wurde hierzu modifiziert und explizit auf die mechanischen Werkzeugbeanspruchungen in der Kaltmassivumformung angepasst. Hierbei erfolgte die Substitution des sehr kostenintensiven Hafniums (Hf) durch das deutlich preiswertere Zirkonium (Zr), um auch das Abscheiden der Beschichtung auf großflächigen Werkzeugen für die Kaltmassivumformung wirtschaftlich zu gestalten. Anhand umfangreicher experimenteller Parameterstudien, in denen stöchiometrisch unterschiedliche TiZrN/CrN-Schichtvarianten abgeschieden wurden, konnten Erklärungsmodelle für die mechanischen und tribologischen Schichteigenschaften aufgebaut und abschließend in experimentellen tribometrischen Analogieversuchen verifiziert werden. Die gewonnenen Erkenntnisse ermöglichen nun die Wahl von zielführenden Beschichtungsparametern zum Abscheiden einer nanolaminaten PVD-Schicht im TiZrN/CrN-Schichtsystem, die den hohen mechanischen Anforderungen in der Kaltmassivumformung ohne Konversionsschicht auf dem Halbzeug genügt.

Die Applikation des keramisch basierten TiZrN/CrN-Schichtsystems auf der Oberfläche des Umformwerkzeugs bedeutet insbesondere aus chemischer Sicht einen tiefen Eingriff in das tribologische System der Kaltmassivumformung. Konventionelle, mineralölbasierte Fließpressöle, die auf eine Kontaktpaarung Stahl-Stahl optimiert sind, sind sowohl aus ökologischer Sicht als auch in ihrer Leistungsfähigkeit zur Reduktion des Werkzeugverschleißes nicht mehr zielführend. Daher wurden zunächst die chemischen Wechselwirkungen von Esterschmierstoffen auf „reaktionsfreudigen" und inerten Oberflächen im Brugger-Test untersucht und anhand von grundlegenden Modelltheorien erklärt. Diese Untersuchungen wurden anschließend um Aussagen über die Wirkung von Additiven in Kombination mit Esterschmierstoffen ergänzt. Aus den entwickelten Erkenntnissen konnte abschließend eine esterbasierte Schmierstoffkomposition abgeleitet werden, die im Schwerlast-Stift-Scheibe-Tribometer gegenüber konventionellen, mineralölbasierten Schmierstoffen eine

Leistungssteigerung erzielte.
Die erarbeiteten tribologischen Konzepte zur Substitution von Zinkphosphatschichten in der Kaltmassivumformung wurden abschließend sowohl in Analogieversuchen (Stift-Zylinder-Test und Napf-Rückwärts-Fließpressen) als auch im industriellen Feldversuch eingesetzt und getestet. Im industriellen Einsatz unter anspruchsvollen umformtechnischen Randbedingungen wurde dabei nachgewiesen, dass eine zinkphosphatfreie Kaltmassivumformung möglich ist, wenn die tribologischen Wirkpartner explizit aufeinander abgestimmt werden. Die in dieser Arbeit formulierte These konnte somit validiert werden.
In Zukunft gilt es, insbesondere das Verständnis über die Wirkungsweise von Oberflächenstrukturen auf Halbzeugen in Interaktion mit einem Schmierstoff auf die Reibung zu vertiefen. In dieser Arbeit konnte bereits gezeigt werden, dass die numerische Simulation auf Basis einer gekoppelten Fluid-Struktur-Simulation gute Ansätze zur Erforschung der Kontaktbedingungen in der Wirkfuge liefern kann. Die Abbildung realer Oberflächenstrukturen führt hierbei allerdings zu sehr komplexen und anspruchsvollen Modellen, die nur in relativ engen Grenzen zielführende Aussagen liefern. Zur Reduktion dieser hohen Modellkomplexität sollten zukünftig zunächst einfachere Topografien (z.B. in Form von synthetischen Topografien) verwendet werden, um grundlegende Wirkmechanismen in der Wirkfuge zu analysieren. Eine Erforschung des Einflusses unterschiedlicher Schmierstoffviskositäten bzw. -mengen auf die Reibung könnte in diesem Kontext weiterführende Erkenntnisse zur Anwendung der Minimalmengenschmierung liefern, die zu einer weiteren Verbesserung der ökologischen und ökonomischen Prozessbilanz in Kaltmassivumformprozessen führt.

Summary and Outlook

The tribological system in cold forging processes is characterized by a zinc phosphate layer on the surface of semifinished product. With this conversion layer the extreme tribological requirements of the processes is encountered. Friction and wear can be reduced to a level that makes cold forging economically feasible from an industrial perspective. However, the application of zinc phosphate coatings and the cleaning of the coated components after the forming process requires a great energy amount. Phosphating and cleaning also extend the process chain and the overall processing time and thus leads to a significant cost factor. Also some substances used in the zinc phosphate process are discussed controversial from an ecological point. This explains the motivation for the search of tribological alternatives for cold forging without a zinc phosphate layers on semifinished products. The main challenge here lies in replacing the tribological performance of zinc phosphate layer - for example the reduction of friction and wear - by alternative mechanisms.
The main goal of this research work was the functional design layout of the tribological active surfaces of the semifinished product, the tool surface and the lubricant to allow the zinc phosphate-free cold forging under industrial conditions. The approach was the investigation of the microscopic surface contact between the semifinished product and the tool surface and the interaction of both surfaces with a liquid lubricant as an intermediate medium to derive tribological alternatives for friction and wear reduction and to define design guidelines for each contact partner.
First experimental research work was carried out regarding a ring compression test with micro structured ring surfaces. The results showed that a microscopic surface texture on the ring surface - manufactured by a mechanical jet blasting process - has a significant influence on the process friction. In interaction with the lubricant the microscopic surface structures can develop hydrostatic lubricant pockets, wich lead to friction reduction in the ring upsetting process. It was found, that the characterization of the ring surface topography by three-dimensional roughness value S_{vk} correlates with the upsetting force. To explain this effect, a three-dimensional numerical model based on the finite element analysis (FEA) was developed depicting the interaction between the lubricant and the microscopic surface topographies during the leveling in contact with the tool. An analytical explanation derived from this model shows a correlation between the contact stress between the tool and workpiece in the closer area of a lubricant pocket and the hydrostatic pressure lubricant inside the lubricant pocket. The main finding of the numerical simulations was that in the closer environment of a closed lubricant pocket, the surface pressure between the tool and the workpiece is higher than under non-lubricated contact conditions. Depending on the surface roughness, however, the friction is reduced by a closed lubricant pocket significantly but the locally higher contact normal stress between the tool and workpiece rises the friction again slightly.
The effect of high local surface stresses not only affects the friction, but also the mechanical

tool surface loads and the resulting tool wear. To avoid extreme tool wear, the application of a ceramic based PVD coating on the tool surface was implemented. A nano-laminate TiHfN/CrN coating system - invented in previous research work for drilling and milling technologies, was modified for this purpose and explicitly adapted to the requirements of cold forging processes. A research focus was the substitution of the very expensive hafnium (Hf) by the considerably cheaper zirconium (Zr), to make even the deposition of the coating on large tools for cold forming economically. Based on extensive experimental parameter studies in which different stoichiometric TiZrN/CrN coating variants were deposited models to explain the mechanical properties could be generated. The findings now allow the choice of target-oriented coating parameters for the deposition of a nano-laminate TiZrN/CrN coating that meets the mechanical requirements in the cold forging without conversion layer on the semifinished product.
The application of an inert ceramic-based TiZrN/CrN PVD-coating on the forming tool surface, in particular, changes the tribological contact conditions especially from the chemical point of view. Conventional mineral oil-based extrusion lubricants, which are optimized for a steel-steel contact, are not purposeful from the ecological point of view and in their performance to reduce tool wear. Therefore, the chemical interactions of ester lubricants with reactive as well as with inert surfaces were investigated by a Brugger test and explained by means of basic model theories. These studies were then supplemented with information about the effectiveness of additives in combination with ester fluids. The findings finally lead to the development of an ester-based lubricant, that showed a better wear reduction performance compared to conventional mineral oil-based lubricants.
The tribological concepts developed for the substitution of zinc phosphate coatings in cold forging processes were subsequently tested both in analogy tests (pin-on-cylinder and cup-backward-extrusion test) and as well as in industrial field test. It could be demonstrated, that a zinc phosphate-free cold forging process unter industrial conditions is possible. Thus, the hypothesis formulated in this work could be validated.
Future reseach work should proven the understanding about the interaction of microscopic surface structures on semifinished products with lubricants while the forming process an the effects regarding the friction. In this work has already been shown that the numerical simulation based on a coupled fluid-structure simulation can provide good approaches to study the contact conditions in the tribologiacal system. However, the mapping of real surface structures leads to very complex and sophisticated models that deliver high quality results only within very narrow model limits. To reduce these high model complexity initially simpler topographies should be used in future (e.g. in form of synthetic topographies) to analyze basic mechanisms of surface-lubricant interactions. Research work of the influence of different lubricant viscosities or volumes on the friction could provide informations reagarding minimum quantity lubrication, which leads to further ecological and economical improvements in cold forging processes.

Literaturverzeichnis

[Aren09] ARENTOFT, M.; BAY, N.; TANG, P.T. und JENSEN, J.D.: *A new lubricant carrier for metal forming*, Elsevier BV (2009)

[Atal75] ATALA, H. F. und ROWE, G. W.: Surface roughness changes during rolling. *Wear* (1975), Bd. 32(2): S. 249–268

[Avit86] AVITZUR, B. und NAKAMURA, Y.: Analytical determination of friction resistance as a function of normal load and geometry of surface irregularities. *Wear* (1986), Bd. 107(4): S. 367–383

[Azus91] AZUSHIMA, A.; UDA, M. und KUDO, H.: An Interpretation of the Speed Dependence of the Coefficient of Friction under the Micro-PHL Condition in Sheet Drawing. *CIRP Annals - Manufacturing Technology* (1991), Bd. 40(1): S. 227–230

[Azus06] AZUSHIMA, A.; KUBA, S.; TANI, S. und OLSSON, D. Dam: Direct observation of asperity deformation of specimens with random rough surfaces in upsetting and indentation processes. *Tribology in Manufacturing Processes 2nd International Conference on Tribology in Manufacturing Processes* (2006), Bd. 260(3): S. 258–264

[Baou09] BAOUNI, M. S. H. al: *Untersuchung des Einflusses unterschiedlicher Prozessbedingungen auf die Reibung bei Umformprozessen*, Bd. 148 von *Umformtechnische Schriften*, Shaker, Aachen (2009)

[Bart87] BARTZ, W. J.: *Tribologie und Schmierung in der Umformtechnik: Typen, Eigenschaften, Anwendung u. Grenzen d. Schmierstoffe am Beispiel ausgewählter Umformprozesse ; mit 63 Tab*, Bd. 220 von *Kontakt + Studium*, Expert-Verl., Sindelfingen (1987)

[Bart04] BARTZ, W. J. und BARNERT, L.: *Tribologie und Schmierung bei der Massivumformung*, Bd. 13 von *Handbuch der Tribologie und Schmierungstechnik*, Expert-Verlag, Renningen (2004)

[Bart10] BARTZ, W.: *Additive für Schmierstoffe*, Expert Verlag, Renningen, 2. auflage Aufl. (2010)

[Batc95] BATCHELOR, A. und STACHOWIAK, G.: Tribology in materials processing. *Journal of Materials Processing Technology* (1995), Bd. 48(1): S. 503–515

[Bay75] BAY, N.; WANHEIM, T. und PETERSON, A.: Ra and the average effective strain of surface asperities deformed in metal-working processes. *Wear* (1975), Bd. 34: S. 77–84

[Bay76a] BAY, N. und WANHEIM, T.: REAL AREA OF CONTACT AND FRICTION STRESS AT HIGH-PRESSURE SLIDING CONTACT. *Wear* (1976), Bd. 38(2): S. 201–209

[Bay76b] BAY, N. und WANHEIM, T.: REAL AREA OF CONTACT BETWEEN A ROUGH TOOL AND A SMOOTH WORKPIECE AT HIGH NORMAL PRESSURES. *Wear* (1976), Bd. 38(2): S. 225–234

[Bay94] BAY, N.: The state of the art in cold forging lubrication. *Journal of Materials Processing Technology* (1994), Bd. 46(1–2): S. 19–40

[Bay10] BAY, N.: Green lubricants for metal forming, in: É. Felder und P. Montmitonnet (Herausgeber) *Tribology of manufacturing processes*, Bd. 1 von *Collection Sciences de la matière*, Presses des Mines, Paris (impr. 2010), S. 5–33

[Bay11] BAY, N.; ERIKSEN, M.; TAN, X. und WIBOM, O.: A friction model for cold forging of aluminum, steel and stainless steel provided with conversion coating and solid film lubricant. *CIRP ANNALS-MANUFACTURING TECHNOLOGY* (2011), Bd. 60(1): S. 303–306

[Bien09] BIENEMANN, R.: *Schneidkantenpräparation: Ziele, Verfahren und Messmethoden ; Berichte aus Industrie und Forschung*, [Univ.-Bibliothek], Kassel (2009)

[Bobz04] BOBZIN, K.; LUGSCHEIDER, E. und PINERO, C.: Neue PVD-Schichtkonzepte für hoch beanspruchte Werkzeuge für umweltverträgliche Fertigungsprozesse. *Materialwissenschaft und Werkstofftechnik* (2004), Bd. 35(10-11): S. 851–857

[Bobz09] BOBZIN, K.; BAGCIVAN, N.; IMMICH, P.; WARNKE, C.; KLOCKE, F.; ZEPPENFELD, C. und MATTFELD, P.: Advancement of a nanolaminated TiHfN/CrN PVD tool coating by a nano-structured CrN top layer in interaction with a biodegradable lubricant for green metal forming. *Surface and Coatings Technology* (2009), Bd. 203(20–21): S. 3184–3188

[Bobz11] BOBZIN, K.; BAGCIVAN, N.; EWERING, M.; KLOCKE, F.; FELDHAUS, B. und MATTFELD, P.: (Ti,Zr)N/CrN+CrN for cold forging of steel, Ed. Ziti, Thessaloniki

[Bobz13] BOBZIN, K.: *Oberflächentechnik für den Maschinenbau*, Master, Wiley-VCH, Weinheim (2013)

[Brin11] BRINKSMEIER, E.; KRAUSE, M. und RIEMER, O.: Präzisionspolieren von Mikro-Formeinsätzen. *wt Werkstattstechnik online* (2011), (11): S. 758–764

[Bünt96] BÜNTEN, R.: *FEM-Modell zur Beschreibung von Oberflächenveränderungen Aufrauh- und Reibungsphänomene im metallischen Kontakt*, Bd. 63 von *Umformtechnische Schriften*, Stahleisen, Düsseldorf (1996)

[CdP08] COLMENARES DE PIÑERO, C. L.: *Entwicklung nanostrukturierter PVD-Schichtsysteme für Zerspanung und Kaltumformung durch Einsatz der Pulstechnologie*, Bd. 11 von *Schriftenreihe Oberflächentechnik*, Shaker, Aachen (2008)

[Chiv74] CHIVERS, T. C.; MITCHELL, L. A. und ROWE, M. D.: The variation of real contact area between surfaces with contact pressure and material hardness. *Wear* (1974), Bd. 28(2): S. 171–185

[Coul85] COULOMB, C.: Theorie des machines simples, en ayant Â´egard au frottement de leurs parties et a la roideur des cordages. *Memoires de mathematique et de physique de L'Académie des Sciences* (1785), (10)

[CR09] CORTÉS RODRÍGUEZ, C. J.: *Cutting edge preparation of precision cutting tools by applying micro-abrasive jet machining and brushing*, Kassel Univ. Press, Kassel (2009)

[Czic10] CZICHOS, H. und HABIG, K.-H.: Tribologie-Handbuch: Tribometrie, Tribomaterialien, Tribotechnik. *Tribologie-Handbuch* (2010)

[Damb06] DAMBON, O.; DEMMER, A. und PETERS, J.: Surface Interactions in Steel Polishing for the Precision Tool Making. *CIRP Annals - Manufacturing Technology* (2006), Bd. 55(1): S. 609–612

[DD05] D. DOWSON, M. Priest G. Dalmaz und LUBRECHT, A.A (Herausgeber): *Tribology and Interface Engineering Series : Life Cycle Tribology Proceedings of the 31st Leeds-Lyon Symposium on Tribology Held at Trinity and All Saints College, Horsforth, Leeds, UK 7th—10th September 2004*, Elsevier (2005)

[Deut86] DEUTSCHES INSTITUT FÜR NORMUNG: Verschleiß; Kategorien der Verschleißprüfung (März 1986)

[Deut93] DEUTSCHES INSTITUT FÜR NORMUNG: Tribologie; Reibung; Begriffe, Arten, Zustände, Kenngrößen (1993)

[Deut01] DEUTSCHES INSTITUT FÜR NORMUNG: Testing of lubricants - Testing under boundary lubricating conditions with the Brugger lubricant tester - Part 1: General working principles (Januar 2001)

[Deut03] DEUTSCHES INSTITUT FÜR NORMUNG: Fertigungsverfahren Druckumformen - Teil 1: Allgemeines; Einordnung, Unterteilung, Begriffe (2003)

[Deut05] DEUTSCHES INSTITUT FÜR NORMUNG: Hochleistungskeramik - Verfahren zur Prüfung keramischer Schichten (2005), URL `www.beuth.de`

[Doeg93] DOEGE, E.; SCHLIEPHAKE, U.; ROMANOWSKI, R. und SEIDEL, R.: Reibung heißt Verschleiß. *Tribologie und Schmiertungstechnik* (1993), (6): S. 363–370

[Doeg10] DOEGE, E. und BEHRENS, B.-A. (Herausgeber): *Handbuch Umformtechnik*, Springer Berlin Heidelberg (2010)

[Dows02] DOWSON, D.; PRIEST, M.; DALMAZ, G. und LUBRECHT, A. A. (Herausgeber): *Tribology Series : Boundary and Mixed Lubrication Science and Applications Proceedings of the 28th Leeds-Lyon Symposium on Tribology*, Elsevier (2002)

[Duba98] DUBAR, L.; BRICOUT, J. P.; WIERRE, C. und MEIGNAN, P.: New surface processes for cold forging of steels. *Surface and Coatings Technology* (1998), Bd. 102(1–2): S. 159–167

[Durh91] DURHAM, D. R.; TURKOVICH, B. F. v. und ASSEMPOOR, A.: Modeling the Frictional Boundary Condition in Material Deformation. *CIRP Annals - Manufacturing Technology* (1991), Bd. 40(1): S. 235–238

[Dwul02] DWULETZKI, H.N.: Schmierstoffe für die Kaltmassivumformung: Antworten auf die Herausforderungen der Zukunft. *Tribologie und Schmiertungstechnik* (2002), Bd. 49(3): S. 20–23

[Enge12] ENGEL, U.; GROENBAEK, J.; HINSEL, C.; KROISS, T.; MEIDERT, M.; NEHER, R.; RÄUCHLE, F. und SCHRADER, T.: Tooling solutions for challenges in cold forging (2012), URL `www.utfscience.de`

[Faul12] FAULSTICH, M.: *Moderne Beschichtungen zum Verschleißschutz von Werkzeugen: [Kolloquium des Bayerischen Forschungsverbundes ForLayer, Nürnberg, 19. januar 2012]*, Bd. 7 von *Band / Bayerischer Forschungsverbund ForLayer*, Dorner PrintConcept, Sulzbach-Rosenberg (2012)

[Frey87] FREY, H. und KIENEL, G.: *Dünnschichttechnologie*, VDI Verlag, Düsseldorf (1987)

[Gese02] GESELLSCHAFT FÜR TRIBOLOGIE (GFT): Arbeitsblatt 7, Verschleiß, Reibung (Definitionen, Begriffe, Prüfung) (2002)

[Gree65] GREENWOOD, J. A. und ROWE, G. W.: Deformation of Surface Asperities During Bulk Plastic Flow. *Journal of Applied Physics* (1965), Bd. 36(2): S. 667

[Gree66] GREENWOOD, J. A. und WILLIAMSON, J. B. P.: Contact of Nominally Flat Surfaces. *Proceedings of the Royal Society A: Mathematical, Physical and Engineering Sciences* (1966), Bd. 295(1442): S. 300–319

[Gree84] GREENWOOD, J. A.; JOHNSON, K. L. und MATSUBARA, E.: A surface roughness parameter in Hertz contact. *Wear* (1984), Bd. 100(1–3): S. 47–57

[Groe08] GROENBAEK, J.: RAP – Robot Assisted Polishing – roboterunterstütztes Polieren von Umformwerkzeugen (Januar 2008)

[Grüe00] GRÜEBLER, R.; SPRENGER, H. und REISSNER, J.: Tribological system modelling and simulation in metal forming processes. *Journal of Materials Processing Technology* (2000), Bd. 103(1): S. 80–86

[Grüe03] GRÜEBLER, R.: *Simulation des umformtechnischen Tribosystems*, Bd. 636 von *Fortschritt-Berichte / VDI Fertigungstechnik*, VDI-Verl., Düsseldorf, als ms. gedr. Aufl. (2003)

[Hélé04] Hélénon, F.; Vidal-Sallé, E. und Boyer, J.-C: Lubricant flow between rough surfaces during closed-die forming. *Proceedings of the International Conference in Advances in Materials and Processing Technologies* (2004), Bd. 153–154(0): S. 707–713

[Hemy99] Hemyari, D.: *Methode zur Ermittlung von Konstitutivmodellen für Reibvorgänge in der Massivumformung bei erhöhten Temperaturen*, Bd. 43 von *Berichte aus Produktion und Umformtechnik*, Shaker, Aachen, als ms. gedr. Aufl. (1999)

[Hilt13] Hilt, M. und Christ, U.: Multi-Metall-Werkstoffe umweltgerecht vorbehandeln: Zirkonoxid-basierte Dünnschichtvorbehandlungen als umwelt- und qualitätsgerechte Alternativen zur Zinkphosphatierung. *Besser lackieren! Die Oberflächen-Zeitung* (2013), Bd. 13(10): S. 6

[Hipl03] Hipler, F.: *Chemie gegen Reibung und Verschleiss: Untersuchung molekularer Wirkungsmechanismen von Thiadiazol-Schmierstoffadditiven*, s.n.], [S.l (2003)

[Hirs03] Hirschvogel, M.: *Kaltmassivumformung: Präzision in grossen Serien*, Info-Reihe Massivumformung, Infostelle Industrieverband Massivumformung, Hagen, extraausg. Aufl. (2003)

[Hisa75] Hisakado, T.: Surface roughness and deformation of contact asperities between a rough and a flat surface. *Wear* (1975), Bd. 35(1): S. 53–61

[Hisa76] Hisakado, T.: Influence of surface roughness and work-hardened layers on the contact between a rough and a flat surface. *Wear* (1976), Bd. 37(1): S. 41–51

[Hube11] Hubert, C.; Bay, N.; Christiansen, P.; Deltombe, R.; Dubar, L.; Dubar, M. und Dubois, A.: Numerical simulation of lubrication mechanisms at mesoscopic scale, in: *THE 14TH INTERNATIONAL ESAFORM CONFERENCE ON MATERIAL FORMING: ESAFORM 2011*, AIP Conference Proceedings, AIP, S. 1729–1734

[Jens04] Jensen, M.; Christensen, L.; Prichystal, J.; Kjeldsteen, P. und Benzon, M.: Charakterisierung der 3D-Topographie technischer Oberflächen (2004)

[Jone09] Jones, A. C. und Hitchman, M. L.: *Chemical vapour deposition: Precursors, processes and applications*, RSC Pub., Cambridge and U.K (2009)

[Kami99a] Kaminsky, C.: Numerische Modellierung der Oberflächenwandlung von Feinblechen. *Fortschrittsbericht VDI* (1999), Bd. 2(528)

[Kami99b] Kaminsky, C. und Sturzenhecker, H.: Numerische Simulation von Oberflächeneinglättungen. *Blech Rohre Profile* (1999), (10): S. 40–44

[Kana06] Kanani, N.: *Werkstoffkunde für Oberflächentechniker und Galvaniseure: 700 Fragen und Antworten : 66 Tabellen*, Hanser, München [u.a.] (2006)

[Kapp03] Kappes, B.; Mauer, G.; Dwuletzki, H.; Sorge, G.; Arfmann, G. und Groche, P.: Umweltfreundliche Kaltmassivumformung : auch anspruchsvolle Fließpressteile lassen sich phosphatfrei umformen. *Stahl* (2003): S. 38–39

[Kapp05] KAPPES, B.: *Über den Nachweis tribologischer Effekte mit Hilfe von Modellversuchen im Bereich der umweltfreundlichen Kaltmassivumformung*, Bd. 63 von *Berichte aus Produktion und Umformtechnik*, Shaker, Aachen (2005)

[Kloc06] KLOCKE, F. und KÖNIG, W.: Fertigungsverfahren 4: Umformen. *Umformen* (2006)

[Kloc09a] KLOCKE, F.; ZEPPENFELD, C.; MATTFELD, P. und ZIMMERMANN, M.: Manufacturing Tool-Coating-Compatible Stamping and Fine Blanking Tool Surfaces, in: A. Fischer und K. Bobzin (Herausgeber) *Friction, wear and wear protection*, Wiley-VCH, Weinheim (2009)

[Kloc09b] KLOCKE, F.; ZIMMERMANN, M.; MATTFELD, P. und WEGNER, H.: Untersuchungen zur Bildung verschleißmindernder Triboschichten auf Siliziumnitridkeramik in Tiefziehwerkzeugen. *Tribologie und Schmiertungstechnik* (2009), Bd. 56(6): S. 7–11

[Kloc10a] KLOCKE, F.; WEGNER, H.; MATTFELD, P.; ZIMMERMANN, M.; BOBZIN, K.; BAGCIVAN, N.; EWERING, M. und BRUGNARA, R.: Wear Reduction of Fineblanking Tools by High Performance PVD Tool Coating and Adapted Substrate Preparation, in: É. Felder und P. Montmitonnet (Herausgeber) *Tribology of manufacturing processes*, Bd. 1 von *Collection Sciences de la matière*, Presses des Mines, Paris (impr. 2010), S. 281–292

[Kloc10b] KLOCKE, F.; WEGNER, H.; MATTFELD, P.; ZIMMERMANN, M.; BOBZIN, K.; BAGCIVAN, N.; EWERING, M. und BRUGNARA, R.: Wear Reduction of Fineblanking Tools by High Performance PVD Tool Coating and Adapted Substrate Preparation, in: É. Felder und P. Montmitonnet (Herausgeber) *Tribology of manufacturing processes*, Bd. 1 von *Collection Sciences de la matière*, Presses des Mines, Paris (impr. 2010)

[Kloc12] KLOCKE, F.; FELDHAUS, B.; MATTFELD, P. und TRAUTH, D.: Bürst-Polieren von Umformwerkzeugen. *wt Werkstattstechnik online* (2012), (6): S. 396–401

[Köhl10] KÖHLER, M.: *Beitrag zur zinkphosphatschichtfreien Kaltmassivumformung durch tribologisch vorteilhafte Halbzeugoberflächen*, Bd. 79 von *Berichte aus Produktion und Umformtechnik*, Shaker, Aachen (2010)

[Kopp99] KOPP, R. und WIEGELS, H.: *Einführung in die Umformtechnik*, Verl. Mainz, Aachen, 2 Aufl. (1999)

[Krau79] KRAUSE, H. und SCHOLTEN, J.: Verschleiß - Grundlagen und systematische Behandlung. *VDI-Z* (1979), Bd. 21(15/16 - August (I/II))

[Kudo82] KUDO, H.; TSUBOUCHI, M.; TAKADA, H. und OKAMURA, K.: An Investigation into Plasto-Hydrodynamic Lubrication with a Cold Sheet Drawing Test. *CIRP Annals - Manufacturing Technology* (1982), Bd. 31(1): S. 175–180

[Land01] LANDGREBE, D.: *Massivumformtechniken für die Fahrzeugindustrie: Verfahren, Werkstoffe und Entwicklung*, Bd. 213 von *Die Bibliothek der Technik*, Verlag Moderne Industrie, Landsberg/Lech (2001)

[Lang08] LANGE, K.: *Fliesspressen: Wirtschaftliche Fertigung metallischer Präzisionswerkstücke*, Springer, Berlin (2008)

[Li96] LI, J.-H.: *Untersuchung der Wirkflächenreibung für die Finite-Elemente-Simulation der Massivumformung*, Dissertation, Techn. Hochsch, Düsseldorf and Aachen (1996)

[Liew12] LIEWALD, M.: *Kaltmassivumformung: Präzision in Serie*, Info-Reihe Massivumformung : Extraausgabe, Industrieverband Massivumformung, Hagen, 2012 Aufl. (2012)

[Lu85] LU, S. S. und CHUANG, Y. H.: Effects of Surface Roughness on Lubrication in Cold Rolling of Metals. *Journal of Tribology* (1985), Bd. 107(4): S. 522

[Maki88] MAKINOUCHI, A.; IKE, H.; MURAKAWA, M. und KOGA, N.: A finite element analysis of flattening of surface asperities by perfectly lubricated rigid dies in metal working processes. *Wear* (1988), Bd. 128(2): S. 109–122

[Mang07] MANG, T.: *Lubricants and lubrication*, Wiley-VCH, Weinheim, 2 Aufl. (2007)

[Mang11] MANG, T.; BOBZIN, K. und BARTELS, T.: *Industrial tribology: Tribosystems, friction, wear and surface engineering, lubrication*, Wiley-VCH, Weinheim (2011)

[Marx03] MARX, P.: *Mechanische Beschichtung für die Kaltmassivumformung von Stahl*, s.n.], [S.l (2003)

[Maßm07] MASSMANN, T. C.: *Wirkmechanismen additivierter Schmierstoffe in der Kaltumformung*, Dissertation, Techn. Hochsch, Aachen and Aachen (2007)

[Matt10] MATTOX, D. M.: *Handbook of physical vapor deposition (PVD) processing*, William Andrew [u.a.], Amsterdam [u.a.], 2 Aufl. (2010)

[Mayr83] MAYRHOFER, K.: *Kaltfliesspressen von Stahl und Nichteisenmetallen: Stand der Technik in Theorie und Anwendung*, Springer-Verlag, Berlin and New York (1983)

[Menn08] MENNIG, G. und LAKE, M.: *Verschleißminimierung in der Kunststoffverarbeitung: Phänomene und Schutzmaßnahmen*, Hanser, München, 2 Aufl. (2008)

[Mess98] MESSNER, A.: *Kaltmassivumformung metallischer Kleinstteile: Werkstoffverhalten, Wirkflächenreibung, Prozessauslegung ; Bericht aus dem Lehrstuhl für Fertigungstechnologie*, Bd. 75 von *Fertigungstechnik - Erlangen*, Meisenbach, Bamberg (1998)

[Metz70] METZELER, H.-J.: Untersuchung der Abhängigkeit des Reibwertes von der Werkzeuggeschwindigkeit. *Industrie-Anzeiger* (1970), Bd. 92(84)

[Mizu82] MIZUNO, T. und OKAMOTO, M.: Effects of Lubricant Viscosity at Pressure and Sliding Velocity on Lubricating Conditions in the Compression-Friction Test on Sheet Metals. *Journal of Lubrication Technology* (1982), Bd. 104(1): S. 53

[Murr10] MURRENHOFF, H.: *Umweltverträgliche Tribosysteme: Die Vision einer umweltfreundlichen Werkzeugmaschine*, Springer, Berlin [u.a.] (2010)

[Nogu10] NOGUEIRA, I.; ROBBE-VALLOIRE, F. und GRAS, R.: Experimental validations of elastic to plastic asperity-based models using normal indentations of rough surfaces. *Wear* (2010), Bd. 269(11–12): S. 709–718

[Orow43] OROWAN, E.: The calculation of roll pressure in hot and cold flat rolling. *ARCHIVE: Proceedings of the Institution of Mechanical Engineers 1847-1982 (vols 1-196)* (1943), Bd. 150(1943): S. 140–167

[Paff05] PAFFONI, B.; ROBBE-VALLOIRE, F.; PROGRI, R. und GRAS, R.: An asperity based model for wear rate in mixed lubrication, in: M. Priest G. Dalmaz D. Dowson und A.A Lubrecht (Herausgeber) *Tribology and Interface Engineering Series : Life Cycle Tribology Proceedings of the 31st Leeds-Lyon Symposium on Tribology Held at Trinity and All Saints College, Horsforth, Leeds, UK 7th—10th September 2004*, Bd. 48, Elsevier (2005), S. 555–561

[Park01] PARK, J.-H. und SUDARSHAN, T. S.: *Chemical vapor deposition*, Bd. 2 von *Surface engineering series*, ASM International, Materials Park and Ohio (2001)

[Pete97] PETERSEN, S. B.; MARTINS, P. A. F. und BAY, N.: Friction in bulk metal forming: a general friction model vs. the law of constant friction. *Journal of Materials Processing Technology* (1997), Bd. 66(1–3): S. 186–194

[Popp06] POPP, U.: *Grundlegende Untersuchungen zum Laserstrahlstrukturieren von Kaltmassivumformwerkzeugen*, Bd. 177 von *Fertigungstechnik Erlangen*, Meisenbach, Bamberg (2006)

[Pres27] PRESTON, F.-W.: The Theory and Design of Plate Glas Polishing Machines. *Jounal of the Society of Glass Technology* (1927), (11)

[Quin09] QUINTENZ, G.: Global manufacturing excellence of lightweight transmission components (May 2009)

[Raed02] RAEDT, J. W.: *Grundlagen für das schmiermittelreduzierte Tribosystem bei der Kaltumformung des Einsatzstahles 16MnCr5* (2002)

[Raus05] RAUSCH, W.: *Die Phosphatierung von Metallen*, Leuze, Bad Saulgau, 3 Aufl. (2005)

[Rupp97] RUPP, M.: *Möglichkeiten und Grenzen der Kaltmassivumformung zinkphosphatschichtfreier Drähte*, Bd. 38 von *Berichte aus Produktion und Umformtechnik*, Shaker, Aachen, als ms. gedr. Aufl. (1997)

[RV02] ROBBE-VALLOIRE, François; PROGRI, Robert; PAFFONI, Bernard und GRAS, René: Theoretical prediction and experimental results for mixed lubrication between parallel surfaces, in: D. Dowson; M. Priest; G. Dalmaz und A. A. Lubrecht (Herausgeber) *Tribology Series : Boundary and Mixed Lubrication Science and Applications Proceedings of the 28th Leeds-Lyon Symposium on Tribology*, Bd. 40, Elsevier (2002), S. 129–137

[Sche83] SCHEY, J. A.: *Tribology in metalworking: Friction, lubrication, and wear*, American Society for Metals, Metals Park and Ohio (1983)

[Schm97] SCHMOECKEL, D. und RUPP, M.: Umweltfreundlichere Kaltmassivumformung - Fertigung von Draht ohne Zinkphosphatschicht, in: K. Siegert (Herausgeber) *Neuere Entwicklungen in der Massivumformung*, DGM-Informationsges., Frankfurt and Main (1997)

[Schm98] SCHMOECKEL, D.; GÄRTNER, R. und RUPP, M.: Trends in der Tribologie - Entwicklungen für eine saubere Kaltmassivumformung. *Umformtechnik* (98), (4)

[Schr10] SCHRADER, T.; MERKLEIN, M. und ENGEL, U.: Qualification of a new test for wear investigation on coated tools, in: É. Felder und P. Montmitonnet (Herausgeber) *Tribology of manufacturing processes*, Bd. 1 von *Collection Sciences de la matière*, Presses des Mines, Paris (impr. 2010), S. 303–312

[Schu00] SCHULZ, J.: Ist die zielgerichtete Entwicklung von Umformprodukten auf Basis von Prüfmaschinenwerten möglich? *Tribologie und Schmiertungstechnik* (2000), Bd. 47(3): S. 25–31

[Schu07] SCHULZ, J.; KLOCKE, F. und MASSMANN, T.: Ist Kaltmassivumformung ohne Bonderschicht wirtschaftlich machbar? (Versuche zum bonderfreien Kaltmassivumformen). *Tribologie und Schmiertungstechnik* (2007), (6)

[Schu10] SCHULZ, J. und HOLWEGER, W.: *Wechselwirkung von Additiven mit Metalloberflächen: Mit 31 Tabellen*, Expert-Verl., Renningen (2010)

[Schu11] SCHULZ, J. und MATTFELD, P.: Physikalische und chemische Wechselwirkungen von Schmierstoffen mit Metalloberflächen in der Kaltmassivumformung. *Tribologie und Schmiertungstechnik* (2011), Bd. 58(1): S. 40–45

[Schu12a] SCHULZ, J. und MATTFELD, P.: Kaltfließpressöle - aktuelle Entwicklungen und Ausblick. *Mineralöltechnik* (2012), Bd. 58(9): S. 1–24

[Schu12b] SCHULZ, J.; SEYFERT, C.; PFEIFFER, G.; RIGO, J.; HIRDT, A. und FEINLE, P.: Möglichkeiten der Entwicklung von Umformprodukten auf Basis von Prüfmaschinenwerten. *Tribologie und Schmiertungstechnik* (2012), (3)

[SH06] SREE HARSHA, K. S.: *Principles of physical vapor deposition of thin films*, Elsevier, Amsterdam, 1 Aufl. (2006)

[Sieg97] SIEGERT, K. (Herausgeber): *Neuere Entwicklungen in der Massivumformung: [Vortragstexte des Symposiums "Neuere Entwicklung in der Massivum-*

formung" in Fellbach bei Stuttgart am 3. und 4. Juni 1997], DGM-Informationsges., Frankfurt and Main (1997)

[Sing34] SINGER, F.: Verfahren zur Vorbehandlung von Eisen- und Stahlwerkstücken für die spanlose Formgebung, z.B. das Ziehen, Strecken und Walzen (1934)

[Sobi92] SOBIS, T.; ENGEL, U. und GEIGER, M.: A theoretical study on wear simulation in metal forming processes. *Journal of Materials Processing Technology* (1992), Bd. 34(1–4): S. 233–240

[Sobi96] SOBIS, Tomasz: *Beitrag zur Mechanik der Mischreibung in der Wirkfuge umformtechnischer Prozesse*, Bd. 10 von *Prozeßsimulation in der Umformtechnik*, Springer, Berlin [u.a.] (1996)

[Stae98] STAEVES, J.: *Beurteilung der Topografie von Blechen im Hinblick auf die Reibung bei der Umformung*, Bd. 41 von *Berichte aus Produktion und Umformtechnik*, Shaker, Aachen, als ms. gedr. Aufl. (1998)

[Stah11] STAHLMANN, J.: *Untersuchungen und Methoden zur Beschreibung und Nutzung tribologischer Systeme mit strukturierten Halbzeugoberflächen in der Kaltmassivumformung*, Dissertation, Techn. Univ, Aachen and Darmstadt (2011)

[Stri02] STRIBECK, R.: Die Wesentlichen Eigenschaften der Gleit- und Rollenlager. *Z. Verein deutscher Ingenieure* (1902), Bd. 46: S. 38ff.

[Stri03] STRIBECK, R.: Die wesentlichen Eigenschaften der Gleit- und Rollenlager. *Mitteilungen über Forschungsarbeiten auf dem Gebietes des Ingenieuwesens* (1903), Bd. Julius Spinger Verlag: S. 47 Seiten

[Such12] SUCHENTRUNK, R.: *Jahrbuch Oberflächentechnik 2012*, Bd. 68, Leuze, Bad Saulgau, 1 Aufl. (2012)

[Sutc88] SUTCLIFFE, M. P. F.: Surface asperity deformation in metal forming processes. *International Journal of Mechanical Sciences* (1988), Bd. 30(11): S. 847–868

[Tan98] TAN, X.; MARTINS, P. A. F.; BAY, N. und ZHANG, W.: Friction studies at different normal pressures with alternative ring-compression tests. *Journal of Materials Processing Technology* (1998), Bd. 80–81(0): S. 292–297

[Tan02] TAN, X.: Comparisons of friction models in bulk metal forming. *Tribology International* (2002), Bd. 35(6): S. 385–393

[Terw11] TERWEY, I.: *Steigerung der Leistungsfähigkeit von Vollhartmetallwendelbohrern durch Strahlspanen*, Bd. 64 von *Schriftenreihe des ISF*, Vulkan-Verl, Essen (2011)

[Tsuk65] TSUKIZOE, T. und HISAKADO, T.: On the Mechanism of Contact Between Metal Surfaces—The Penetrating Depth and the Average Clearance. *Journal of Basic Engineering* (1965), Bd. 87(3): S. 666

[Uppa73] Uppal, A. H. und Probert, S. D.: Mean separation and real contact area between surfaces pressed together under high static loads. *Wear* (1973), Bd. 23(1): S. 39–53

[Vára01] Váradi, K.; Néder, Z.; Friedrich, K. und Flöck, J.: The real contact area between composite and steel surfaces in sliding contact. *Composites Science and Technology* (2001), Bd. 61(13): S. 1853–1862

[Vere92] Verein Deutscher Ingenieure VDI: Beschichten von Werkzeugen der Kaltmassivumformung; CVD- und PVD-Verfahren (1992), URL http://www.beuth.de

[Vere97] Verein Deutscher Ingenieure VDI: Werkstoffe für Kaltfließpreßwerkzeuge - Anleitung zur Gestaltung, Bearbeitung und Eigenschaftsverbesserung (1997)

[VS01] Vidal-Sallé, E.; Baillet, L. und Boyer, J. C.: Friction law for hydrostatic mixed lubrication regime. *PART 1: CONTAINING PAPERS PRESENTED AT INTERNATIONAL CONFERENCE ON ADVANCES IN MATERIALS PROCESSING TECHNOLOGY* (2001), Bd. 118(1–3): S. 101–108

[Wagn08] Wagner, K.; Völkl, R. und Engel, U.: Tool life enhancement in cold forging by locally optimized surfaces. *10th International Conference on Advances in Materials and Processing Technologies AMPT 2007* (2008), Bd. 201(1–3): S. 2–8

[Weid10] Weidel, S.: *Grundlegende Untersuchungen zum Kontaktzustand zwischen Werkstück und Werkzeug bei umformtechnischen Prozessen unter tribologischen Gesichtspunkten*, Bd. 213 von *Fertigungstechnik - Erlangen*, Meisenbach, Bamberg (2010)

[Zimm98] Zimmermann, H.: *PVD-beschichtete Schneidstoffe für moderne Zerspanungsanwendungen*, Mainz, Aachen, 1 Aufl. (1998)

Lebenslauf

Curriculum vitae

Persönliches

	Patrick Mattfeld geb. am 26. September 1975 Staatsangehörigkeit: deutsch ledig

Schulbildung

Aug 1981 - Jul 1985	Grundschule Drebber
Aug 1985 - Jul 1987	Orientierungsstufe Barnstorf
Aug 1987 - Jun 1992	Realschule Diepholz
Aug 1992 - Jun 1996	Allgemeines Gymnasium Lohne Abschluss: Allgemeine Hochschulreife

Wehrdienst

Mai 1997 - Feb 1998	Otto-Lilienthal-Kaserne, Roth

Hochschulbildung

Sep 1996 - Apr 1997	Studium der Volkswirtschaft (Universität Osnabrück)
Sep 1998 - Apr 2007	Studium des Maschinenbaus (RWTH Aachen) Abschluss: Diplom

Berufstätigkeit

Mai 2007 - Nov 2012	Wissenschaftlicher Mitarbeiter, WZL der RWTH Aachen, Lehrstuhl für Technologie der Fertigungsverfahren, Gruppe Umformtechnik
Aug 2010 - Nov 2012	Gruppenleiter Gruppe Umformtechnik
Nov 2012 - heute	Oberingenieur der Abteilung Schleifen, Umformen und Technologieplanung

FSC
www.fsc.org
MIX
Papier | Fördert gute Waldnutzung
FSC® C083411

Kolibri 360 GmbH
Ferdinand-Jühlke-Straße 7
99095 Erfurt, Deutschland
produktsicherheit@kolibri360.de